大学计算机教育教学课程信息化研究

周　萍　著

中国商务出版社
·北京·

图书在版编目（CIP）数据

大学计算机教育教学课程信息化研究 / 周萍著. —
北京 : 中国商务出版社, 2023.12

ISBN 978-7-5103-5023-8

Ⅰ. ①大… Ⅱ. ①周… Ⅲ. ①电子计算机—教学研究
—高等学校 Ⅳ. ①TP3

中国国家版本馆CIP数据核字(2023)第250230号

大学计算机教育教学课程信息化研究

DAXUE JISUANJI JIAOYU JIAOXUE KECHENG XINXIHUA YANJIU

周萍　著

出　　版：中国商务出版社
地　　址：北京市东城区安外东后巷28号　　邮　编：100710
责任部门：发展事业部（010-64218072）
责任编辑：周青
直销客服：010-64515210
总 发 行：中国商务出版社发行部　（010-64208388　64515150）
网购零售：中国商务出版社淘宝店　（010-64286917）
网　　址：http://www.cctpress.com
网　　店：https://shop595663922.taobao.com
邮　　箱：295402859@qq.com
排　　版：北京宏进时代出版策划有限公司
印　　刷：廊坊市广阳区九洲印刷厂
开　　本：710毫米×1000毫米　1/16
印　　张：14.5　　字　数：235千字
版　　次：2023年12月第1版　　印　次：2023年12月第1次印刷
书　　号：ISBN 978-7-5103-5023-8
定　　价：79.00元

前　言

随着全球信息化的推进，计算机技术已经成为社会各行各业的基础。计算机科学作为一门综合性的学科，不仅是其他学科发展的重要工具，更是推动科技创新和社会进步的重要力量。大学计算机教育的任务不仅仅要传授基础知识，而且要培养学生的创新思维、团队协作能力和信息素养。

信息技术的广泛应用使得计算机专业的毕业生不再只是编程的专业人才，他们更需要具备跨学科领域进行有效沟通和合作的能力。另外，信息技术与其他学科的深度融合，也对大学计算机教育提出了更高的要求。在这个信息化时代，大学计算机教育需要更灵活、更开放、更注重实际应用的课程体系，以培养学生更全面的素养。

本书旨在深入探讨大学计算机教育中的教学课程信息化，通过对现有情况的剖析和对未来的展望，为提升计算机专业人才培养质量提供理论指导和实践支持。

希望本书研究的成果能够引起各界人士广泛的关注和讨论，以促进大学计算机教育的信息化建设向更高水平迈进。通过共同努力，我们有信心为培养适应信息化时代需求的计算机专业人才做出贡献，为推动信息技术与社会各领域的深度融合贡献力量。

目 录

第一章　计算机教育课程设计理论基础

第一节　教育课程设计概念与演变

一、课程设计基本概念

课程设计是教育领域中一个重要的概念，它涉及对教学过程的规划、组织和实施。课程设计不仅仅是教学计划的制定，更是一种系统性的思考和操作过程，旨在达到教育目标并促使学生得到全面发展。在本书中，我们将深入探讨课程设计的基本概念，包括其定义、重要性、基本原则以及设计过程等方面。

（一）课程设计的定义

课程设计是指教育工作者在特定教学背景下，通过系统地思考、计划和组织，制订出一套科学、合理的教学计划和活动方案的过程。这一过程旨在实现教育目标，满足学生的学科学习需求，培养其综合素养和能力。课程设计是教育活动中的一个重要环节，直接关系到教育质量和学生的学习效果。

（二）课程设计的重要性

1. 教育目标的实现

课程设计是实现教育目标的有效手段。通过合理设计课程，教育者可以明确学生应该具备的知识、技能和态度，并为他们的全面发展提供有力支持。

2. 学生主体性的发挥

良好的课程设计应当关注学生的个体差异，激发他们的兴趣和动力。通过引导学生参与教学活动，使其成为学习的主体，培养其独立思考和解决问题的能力。

3. 教学资源的合理利用

课程设计需要充分考虑教学资源的合理配置，包括教材、设备、时间等。通过科学规划，可以最大限度地发挥各类资源的作用，提高教学效率。

4. 教学过程的系统性和连贯性

课程设计应当具有系统性和连贯性，使得各个知识点和教学环节相互关联，形成有机整体。这有助于学生更好地理解知识，并形成系统的学科体系。

（三）课程设计的基本原则

1. 目标导向原则

课程设计应当始终以教育目标为导向，确保每一个教学环节都有助于实现既定的教育目标。目标导向原则是课程设计的基础。

2. 灵活性原则

面对学生的差异性需求，课程设计应当具有一定的灵活性。这包括教学方法的多样性、资源利用的弹性和课程调整的机动性等方面。

3. 参与性原则

课程设计应当注重学生的参与，以激发他们的学习兴趣和积极性。通过参与性教学，可以更好地调动学生的学习热情，提升其学习效果。

4. 反思性原则

课程设计不是一成不变的，需要不断进行反思和调整。教育者应当关注学生的反馈和评价，及时调整课程设计，以达到更好的教学效果。

（四）课程设计的基本过程

1. 课程分析阶段

在课程设计的开始阶段，教育者需要对教学内容、学生特点、教学环境等进行全面分析。这包括明确教育目标、确定教学重点和难点、分析学生的知识水平等。

2. 教学目标的确定

在明确教育目标的基础上，教育者需要具体确定每个教学环节的具体目标。这些目标应当与整体教育目标相一致，并能够引导学生逐步实现整体目标。

3. 教学内容的选择与组织

根据教学目标，教育者需要选择合适的教学内容，并有机地将其组织起来。这包括确定教材、设计课程结构、安排教学活动等。

4. 教学方法的选择

选择适当的教学方法是课程设计的重要一环。不同的教学目标和内容需要采用不同的教学方法，包括讲授、讨论、实践、案例分析等。

5. 教学评估与调整

在课程实施过程中，教育者需要不断进行教学评估，包括学生学习情况的评估、教学方法的评估等。根据评估结果，及时调整课程设计，以提高教学效果。

课程设计作为教育活动的核心环节，对实现优质教育至关重要。通过科学的课程设计，可以更好地引导学生的学习，促使其在知识、技能和情感等方面全面发展。因此，教育者在进行课程设计时应当秉持目标导向、灵活性原则、参与性原则和反思性原则，同时遵循课程设计的基本过程，确保设计出符合实际需求和学生特点的教学方案。

二、课程设计的历史演变

课程设计的历史演变是教育领域发展的一个重要方面，它反映了人类对教育理念、方法和目标的不断探索与适应。本书将从古代教育开始，追溯课程设计的历史演变，分析不同时期的教育思想对课程设计的影响，并探讨当代课程设计的趋势和面临的挑战。

（一）古代教育与课程设计

1. 古埃及与巴比伦

在古代埃及和巴比伦，教育主要是由宗教机构负责的。培养学生学习的文本和技能，作为宗教仪式和社会管理的一部分的知识与技能。课程设计的基础是宗教文本和职业技能的传承。

2. 古希腊与罗马

古希腊文化是古代世界文化中的瑰宝，其教育注重全面发展。柏拉图、亚里士多德等思想家提出了关于教育的理论，对课程设计有深远影响。希腊的体育、音乐、数学等学科成为基本教育内容，为后世的教育提供了范本。罗马时期，对实用技能的重视促进了职业教育的发展。

（二）中世纪与文艺复兴时期

1. 教会学校与经院哲学

中世纪，教会在教育领域占主导地位。教会学校主要传授神学和拉丁文，强调信仰与礼仪。经院哲学对学科的划分和逻辑思维的培养影响深远，对后来的大学课程设计产生了影响。

2. 文艺复兴时期的人文主义

文艺复兴时期，人文主义思想兴起，强调个体的全面发展。教育不再仅限于宗教，人文学科、科学和艺术成为教育的核心。这对课程设计提出了更高的要求，进而注重培养学生的思辨能力和创造性。

（三）启蒙时代与近代教育

1. 启蒙时代的普及教育

启蒙时代推动了普及教育的发展。教育不再是贵族和宗教阶层的专属，开始注重对大众的教育。课程设计逐渐向自然科学、人文科学和实用技能等多元方向发展，强调实用性和社会需求。

2. 工业革命与职业教育

工业革命的兴起催生了职业教育的需求。学校开始关注实际工作技能的培养，课程设计更加强调职业素养和实践能力。这一时期的课程设计为现代职业教育奠定了基础。

（四）现代教育与课程改革

1. 进入现代学科体系

20世纪初，教育逐渐形成现代学科体系。不同学科领域的划分更为明确，各学科的课程设计逐渐专业化。教育从普及教育走向多元化，学校开始设立更多的专业课程。

2. 教育理论的嬗变

20世纪中期以来，教育理论发生了多次嬗变。行为主义、认知主义、建构主义等不同的理论影响着课程设计的方向。强调学生参与、实践和个性发展的理论使得课程设计更加关注学生的需求和特点。

（五）当代教育与挑战

1. 科技与信息化

当代社会科技飞速发展，信息化对教育提出了新的要求。网络技术的普及和信息化手段的应用，使得课程设计更加注重培养学生的信息素养和创新能力。

2. 跨学科与综合素养

跨学科教育的兴起使得课程设计不再仅限于传统学科框架。强调综合素养的培养，注重学科之间的整合，使得学生能够更好地应对复杂多变的社会挑战。

3. 全球化视野

全球化对教育提出了全新的需求。跨文化交流和国际合作成为当代教育的重要组成部分，这对课程设计提出了更高的要求，需要培养具备全球化视野的人才。

课程设计的历史演变反映了教育理念和社会发展的变迁。从古代的宗教教育到文艺复兴时期的人文主义，再到启蒙时代的普及教育和工业革命的职业教育，课程设计不断地适应着时代的需求和教育理念的变化。在现代，科技、信息化、全球化等趋势正在重新定义教育的概念，这也影响到课程设计的方向和策略。

第二节 教育技术的发展趋势与对计算机教育的影响

一、教育技术的演进与趋势

随着科技的迅速发展，教育领域也在不断演进，其不断受益于新兴技术的应用。教育技术作为一个广泛的领域，涵盖了从基础教育到高等教育的各个层面。本节将探讨教育技术的演进历程以及当前和未来的发展趋势。

（一）教育技术的演进历程

1. 传统教学时代

在过去，教学主要依赖传统的教学方法，如课堂讲授、教科书、实验室等。这一时期，教育技术的应用主要是基于纸质材料和传统教学手段。

2. 多媒体时代

随着电脑技术的发展，教育进入了多媒体时代。教育技术开始融入幻灯片、音频、视频等多媒体元素，提高了教学的视觉和听觉效果。这一时期的代表性工具包括电子白板、多媒体演示软件等。

3. 网络时代

互联网的普及使得教育技术迈入了网络时代。教学资源可以通过网络传播，学生可以在线学习，而教师也可以利用网络平台进行远程教学。这一时期的典型代表是远程教育、在线学习平台和电子图书等。

4. 移动时代

随着智能手机和平板电脑的普及，教育技术进入了移动时代。学生和教师可以通过移动设备随时随地获取教学资源，进行个性化学习。移动应用、移动学习平台等成为教育发展的新趋势。

5. 智能时代

当前，教育技术逐渐步入智能时代。人工智能（AI）、大数据、机器学习等技术被应用于教育领域，为个性化学习提供支持。智能教育系统可以根据学生的学习情况和需求提供定制化的教学内容与反馈。

（二）当前教育技术的趋势

1. 个性化学习

借助智能技术，教育变得更加个性化。学习系统可以根据学生的学习风格、水平和兴趣提供定制化的教育内容，提高学习效果。这包括智能教材、个性化学习路径等。

2. 虚拟现实（VR）和增强现实（AR）

VR 和 AR 技术为教育带来了全新的体验。学生可以通过虚拟现实沉浸式学习，参与模拟实验、历史场景等。增强现实可以将数字信息叠加在现实世界中，丰富学生的学习体验。

3. 区块链技术

区块链技术被引入学历认证、教育记录管理等领域，提高了教育信息的透明性和安全性。学生的学习成果可以更可靠地被记录和验证，促进了学术诚信。

4. 在线协作与社交学习

在线协作工具和社交媒体平台为学生提供了更多的合作与交流机会。教育者可以利用社交媒体和在线协作工具进行教学，促进学生之间的互动和知识分享。

5. 数据驱动决策

大数据和分析技术帮助教育机构更好地理解学生的学习行为与趋势。学校可以通过数据分析提高管理效率，教师可以根据学生的数据调整教学策略，实现更有效的教学目标。

（三）未来教育技术的展望

1. 强化人工智能应用

未来，人工智能在教育中的应用将更加广泛。智能教育助手、智能导师系统将能够更全面地理解学生的学习需求，提供更智能化的辅导和建议。

2. 智能教育内容创作

随着自然语言处理和生成技术的发展，智能系统将能够自动地生成教育内容。这将减轻教师的负担，使他们能够更专注于对学生的个性化指导。

3. 混合式学习

未来教育将更加倾向混合式学习，即在线学习与传统面对面教学相结合。这样的模式能够灵活满足不同学生的需求，同时保留传统教学的优势。

4. 教育区块链的进一步发展

区块链技术将在未来继续为学生的学历认证、档案管理等方面发挥作用。去中心化的特性使得学生的学历和成绩记录更加透明、安全，并能够更好地应对学术造假等问题。

5. 智能评估和反馈系统

未来的教育技术将更注重实时的学习评估和个性化反馈。智能系统可以通过实时监测学生的学习进度和表现，为教育者提供及时反馈，帮助调整教学策略以满足学生的需求。

6. 虚拟现实与增强现实的融合

虚拟现实与增强现实技术的不断融合将创造更为综合的学习环境。学生可以在虚拟世界中进行实时互动，与其他学生和教育者一起学习和探索。

7. 跨学科教学与跨文化交流

未来的教育技术将促进跨学科教学，使学生更容易涉足不同学科领域，培养综合素养。同时，全球范围内的教育交流将更为便捷，学生可以通过在线平台与来自不同文化背景的同龄人交流学习经验。

8. 持续学习和职业培训

随着社会和职业需求的不断变化，教育技术将更加注重为个体提供持续学习和职业培训的机会。在线学习平台将成为个体培训和进修的主要途径，帮助其适应职业发展的快速变化。

（四）教育技术的挑战与解决方案

尽管教育技术带来了巨大的发展和变革，但也面临一些挑战。这些挑战包括但不限于：

1. 技术鸿沟

在一些地区，特别是发展中国家存在数字鸿沟和技术不平等现象。一些学生可能无法获得足够的技术资源，导致其在教育技术应用方面处于不利地位。

解决方案：政府和教育机构应该采取措施，确保所有学生都能够获得必要的技术设备和网络资源，以促进数字包容性。

2. 隐私和安全问题

随着个人数据的不断收集和应用，教育技术引发了隐私和安全方面的担忧。学生和教育者的个人信息可能被泄露，这就需要建立更严格的数据保护和隐私政策。

解决方案：制定和执行相关法规，确保学生和教育者的个人信息得到充分保护。同时，教育技术提供商应该采用安全的技术和加密措施。

3. 教师培训与接受度

教育技术的成功应用需要教育者具备相应的技术技能和应用知识。然而，一些教育者可能缺乏对新技术的培训和接受度，使得技术的实际应用受到一定制约。

解决方案：加强教育者的培训和专业发展计划，确保他们能够熟练使用新技术，并了解如何将其整合到课堂教学中。

4. 质量评估和认证

随着在线学习的普及，如何有效评估学生的学习成果成为一个挑战。传统的考试方式可能无法全面反映学生的能力和掌握的知识。

解决方案：引入更为全面和创新的评估方法，包括项目作业、实际应用案例和开放性问题等，以更准确地评估学生的学术水平和实际能力。

教育技术的演进和趋势表明，科技对教育的影响日益深远。从传统的教学方法到智能化、个性化的学习体验，教育技术在提高教学效果、促进学生发展方面发挥着积极的作用。同时，随之而来的挑战需要教育机构、政府和技术提供商共同努力来解决。

未来，教育技术将继续与其他新兴技术相互融合，创造更为丰富、个性化的学习体验。同时，全球各地的教育者需要共同探讨如何更好地利用技术来应对不断变化的教育需求，推动教育领域的可持续发展。

二、计算机技术在教育中的应用影响

计算机技术的飞速发展对教育领域产生了深刻的影响。从最早期的计算机辅助教学到今天的在线学习和智能教育系统，计算机技术已经成为教育改革和创新的重要推动力。本部分将探讨计算机技术在教育中的应用，以及这些应用对学生、教师和教育体系的影响。

（一）计算机技术在教学中的应用

1. 计算机辅助教学

最早期的计算机技术应用于教育的方式之一是计算机辅助教学（Computer-Assisted Instruction, CAI）。通过计算机软件，学生可以在计算机上进行互动学习，完成练习和测试。这为个性化学习提供了可能，学生可以根据自己的学习进度和需求进行学习。

2. 多媒体教学

随着计算机性能的提升，多媒体教学成为一种广泛应用的教学方法。教师可以通过计算机展示图像、音频、视频等多媒体元素，使得教学更加生动有趣，有助于提高学生的理解和记忆力。

3. 在线学习平台

互联网的普及和计算机技术的发展催生了在线学习平台的兴起。学生可以通过电脑或其他设备在任何时间、任何地点进行学习。这种灵活性不仅方便了学生，也为职场人士提供了便捷的继续教育途径。

4. 虚拟实验室

在科学和工程领域，计算机技术使得虚拟实验室成为可能。学生可以通过计算机模拟实验，进行安全、高效的实验操作，而不必亲自进入实验室。这为实验教学提供了更大的灵活性和可操作性。

5. 智能教育系统

近年来，人工智能技术的发展推动了智能教育系统的应用。这些系统可以根据学生的学习情况提供个性化的学习路径和反馈。智能教育系统能够更好地理解学生的学习特点，帮助他们克服困难，提升学习效果。

6. 计算机编程教育

计算机技术的普及推动了计算机编程教育的发展。越来越多的学校将编程列为必修课程，使学生在早期就能够学习计算机科学的基础知识和技能。这有助于培养学生的创造力和问题解决能力。

（二）计算机技术对学生的影响

1. 个性化学习

计算机技术为学生提供了个性化学习的机会。通过智能教育系统和在线学习平台，学生可以根据自己的学习速度和兴趣选择学习内容，更好地适应个体差异。

2. 提高学习兴趣

多媒体教学和虚拟实验室等计算机技术应用使得教学更加生动有趣。学生通过图像、音频和视频等多种形式的展示更容易被吸引，提高了学习的趣味性。

3. 培养创新思维

计算机编程教育和虚拟实验室等应用培养了学生的创新思维和问题解决能力。学生在实践中学会了通过编程解决问题，培养了其对计算机科学的兴趣。

4. 提高学习效率

计算机技术的应用使得学生能够更方便地获取学习资源，随时随地进行学习。同时，智能教育系统的个性化学习路径和反馈有助于提高学生的学习效率。

5. 引导职业方向

计算机技术的应用拓展了学生的职业选择。通过学习计算机编程和相关技能，学生可以更早地了解计算机科学领域，有助于为其未来的职业发展打下基础。

（三）计算机技术对教师的影响

1. 教学手段的丰富性

计算机技术为教师提供了更多的教学手段，使得教学更具创造性。教师可以通过多媒体教学、虚拟实验室等方式更生动地向学生传递知识。

2. 个性化辅助教学

智能教育系统的应用使得教师能够更好地进行个性化辅助教学。系统可以为每个学生提供定制的学习路径和建议，教师可以更好地根据学生的需求和水平进行指导，提升个性化教学的效果。

3. 教学管理和评估的便利性

计算机技术的应用简化了教学管理和评估过程。教师可以利用在线学习平台更方便地管理学生的学习进度、提交作业和进行评估。这提高了教学效率，使得教师能够集中精力于教学本身。

4. 提升教育研究水平

计算机技术的应用为教育研究提供了更多的数据和分析工具。教师可以通过分析学生的学习数据，了解学生的学习特点和问题，从而更好地进行教学改进和研究。

5. 提高信息获取和更新速度

教师可以通过互联网更迅速地获取和更新教材、教学资源。这使得教学内容能够及时地跟上时代的发展，更好地适应学生的需求和社会的变化。

6. 促进教师专业发展

计算机技术的不断更新促使教师进行不断的专业发展。教师需要不断学习新的教育技术，了解其应用和优化方法，以保持其在教学领域的竞争力。

（四）计算机技术对教育体系的影响

1. 教育模式的创新

计算机技术的广泛应用推动了教育模式的创新。传统的面对面教学被在线学习、混合式学习等更灵活的模式所取代。这种创新有助于适应学生的多样化需求，提升教学的效果。

2. 提高教育资源的共享性

互联网和计算机技术的结合使得教育资源能够更广泛地共享。优质的教学资源可以通过在线平台传播，让更多的学生和教育者受益。这有助于减少地域差异，提高教育资源的平等分配水平。

3. 培养跨学科和跨文化的人才

计算机技术的全球性应用促使教育更加注重培养跨学科和跨文化的人才。学生通过在线合作、国际性的学习项目等方式更容易接触到不同文化和领域的知识，进而拓宽视野，提高其综合素养。

4. 数据驱动的决策

计算机技术的应用带来了大量的学生学习数据，这些数据成为教育决策的重要依据。学校和政府可以通过分析这些数据更好地了解教育系统的运作情况，从而制定更科学的政策和措施。

5. 促进远程教育

计算机技术的进步促进了远程教育的发展。学生可以通过互联网获取全球各地的优质教育资源，不再受限于地理位置。这为发展中国家提供了更多接触高质量教育的机会。

6. 提高教育的普及率

计算机技术的应用提高了教育的普及率。在线学习平台、远程教育等方式使得学习资源能够覆盖更广泛的群体，包括那些由于地理、经济等原因无法获得传统教育资源的人。

第三节　学习理论在计算机教育中的应用

一、常见学习理论及其特点

学习理论是教育和心理学领域中的核心概念之一，它们提供了理论框架和指导原则，帮助学生可以更好地理解学习的本质、过程和影响因素。在教育实践中，教育者可以根据不同学习理论的特点来设计和实施有效的教学策略。下面将介绍一些常见的学习理论及其特点。

（一）行为主义学习理论

特点：

重点：行为主义学习理论关注学习的可观察行为，强调学习是对外部刺激做出反应的结果。

条件反射：研究者如巴甫洛夫和斯金纳强调通过条件反射建立学习，即通过刺激和反应之间的关联来形成新的行为。

强调环境：学习的过程在很大程度上受到环境的影响，而环境通过奖励和惩罚来塑造与维持学习行为。

教学方法：重视直接的教学和训练，通过刺激–响应–强化的循环，强调外在的学习过程。

（二）认知学习理论

特点：

关注内在过程：认知学习理论关注学习者的内在认知过程，强调学习是对信息的主动处理。

信息加工：认知学派认为学习者通过处理、组织和记忆信息来构建知识结构。

建构主义观点：强调学习者的先前知识和经验对新知识的理解与接受起到关键作用，强调学习的建构性质。

教学方法：注重问题解决、发现性学习和让学生参与实际经验，强调对学习者思维过程的指导。

（三）社会文化学习理论

特点：

社会互动：社会文化学习理论强调社会环境对学习的重要性，认为学习是社会互动和文化参与的产物。

学徒模式：强调学徒式学习，通过参与社区和实践活动，学生从更有经验的他人那里获取知识。

文化工具：认为文化工具（如语言、符号）是学习的媒介，帮助学生理解和解决问题。

教学方法：注重合作学习、社会参与和情境化学习，强调学习环境的社会建构。

（四）建构主义学习理论

特点：

主动建构：建构主义理论认为学习是学习者主动建构知识，通过与环境的互动，学习者构建自己的理解。

个体差异：强调每个学习者都是独特的，具有自己的背景、经验和思考方式。

情境化学习：学习的过程是情境化的，学习者通过参与真实、有意义的任务来建构知识。

教学方法：注重启发性学习、问题解决和探究性学习，教育者充当引导者和支持者的角色。

（五）连接主义学习理论

特点：

网络化学习：连接主义理论认为学习是在社会网络中进行的，学习者通过连接和共享信息来获取知识。

网络关系：强调学习者在网络中建立的关系和社会联系对其学习的重要性。

非线性学习：学习的过程是非线性的，学习者在复杂的、动态的环境中处理信息。

教学方法：注重网络学习、协同学习和使用技术工具来支持学习。

（六）情感学习理论

特点：

情感维度：情感学习理论强调学习过程中情感和情绪的作用，认为情感是学习过程中不可或缺的一部分。

动机和兴趣：情感与学习动机、学科兴趣密切相关，积极的情感有助于促进学习。

情感智力：强调培养学生的情感智力，包括情感认知、情感调节和人际关系等方面。

教学方法：注重创设积极的学习氛围、关注学生的情感体验，提供支持和激发学习兴趣。

这些学习理论代表了不同的学派和观点，各自强调不同的学习因素和过程。在实际教学中，教育者可以根据学生的特点、学科领域和教育目标，灵活运用这些学习理论，以更好地满足学生的学习需求。以下是对每个学习理论的更详细介绍：

1. 行为主义学习理论

定义：行为主义学习理论强调学习是通过对外部刺激做出反应的过程。学习者在面对特定刺激时，通过积极或消极的反馈形成新的行为。

特点：

可观察行为：重点关注可观察的行为，而忽略内在过程。

强化和惩罚：学习受到强化和惩罚的影响，通过奖励强化期望行为，通过惩罚削弱不良行为。

条件反射：通过条件反射形成学习。例如，钟声和食物的关联。

直接教学法：善用直接教学法、模仿和训练。

2. 认知学习理论

定义：认知学习理论关注学习者如何主动处理信息、解决问题，以及构建知识结构。学习被看作是对信息的主观理解和思考的结果。

特点：

内在认知过程：重视学习者内在的思维、感知和记忆过程。

建构主义：学习是个体对新信息的建构，强调个体差异和先前知识的影响。

学习策略：注重学习者采用的策略。例如，注意力、记忆、问题解决等。

教学方法：强调问题解决、发现性学习、启发性教学。

3. 社会文化学习理论

定义：社会文化学习理论认为学习是社会互动和文化参与的结果。强调学习者与他人、社区和环境的互动。

特点：

社会互动：学习是社会互动和参与社区的过程。

文化影响：文化对学习有深远的影响，语言、符号等是文化工具。

学徒式学习：强调学习者通过参与真实的实践活动，从更有经验的他人那里学到知识。

教学方法：重视合作学习、社会参与和真实情境中的学习。

4. 建构主义学习理论

定义：建构主义学习理论认为学习是学习者主动建构知识的过程，通过与环境互动，个体建构自己的理解。

特点：

主动建构：学习是学习者通过积极参与、思考和解决问题建构知识的过程。

个体差异：每个学习者是独特的，先前的知识和经验影响学习。

情境化学习：学习是与具体情境相关的，强调情境和经验对学习的重要性。

教学方法：注重启发性学习、问题解决和真实情境中的学习。

5. 连接主义学习理论

定义：连接主义学习理论认为学习是在社会网络中进行的，学习者通过建立连接、共享信息来获取知识。

特点：

网络学习：学习发生在复杂的社会网络中，强调连接和共享信息的重要性。

非线性学习：学习的过程是非线性的，涉及多个信息源和多个连接。

网络关系：强调学习者与他人和资源的网络关系。

教学方法：注重网络学习、协同学习和使用技术工具支持学习。

6. 情感学习理论

定义：情感学习理论认为情感和情绪是学习过程中不可或缺的一部分，与认知和行为相互作用。

特点：

情感维度：学习不仅涉及认知和技能的获取，还涉及情感和情绪的体验。

动机和兴趣：情感与学习动机和学科兴趣密切相关。

情感智力：强调培养学生的情感智力，包括情感认知、情感调节和人际关系。

教学方法：注重创设积极的学习氛围、关注学生的情感体验，提供支持和激发学习兴趣。

这些学习理论各自强调不同的学习因素和过程，教育者在实际教学中可以根据学科、学生群体和教学目标来选择合适的理论框架和教学策略。

二、学习理论在计算机教育课程设计中的具体应用

随着计算机技术的飞速发展，计算机教育在各级学校和培训机构中占据着越来越重要的地位。为了提高教学效果和促进学生的全面发展，教育者需要综合运用不同的学习理论来设计和实施计算机教育课程。本部分将探讨学习理论在计算机教育课程设计中的具体应用，重点关注几种主要学习理论在教学实践中的指导作用。

（一）行为主义学习理论在计算机教育中的应用

1. 认知任务设计

在计算机教育中，可以借鉴行为主义学习理论的认知任务设计原则。通过设定明确的学习目标和任务，引导学生按照特定的步骤执行操作。如，学习编写代码、使用特定软件工具等。这种任务设计能够帮助学生建立起对计算机技能的基本认知，并通过反复的练习和实践来巩固其所学知识。

2. 强化学习

行为主义学习理论强调奖励和惩罚对学习行为的影响，这一原则在计算机教育中同样适用。在课程设计中，可以引入奖励机制，如，给予学生完成

编程任务的积分或勋章。这种积分和勋章可以作为正向强化，以激发学生的学习兴趣和积极性。

（二）认知学习理论在计算机教育中的应用

1. 问题解决和项目驱动学习

认知学习理论强调学生通过问题解决和实际项目经验来构建知识结构。在计算机教育中，可以设计具体的问题或项目，要求学生在解决问题的过程中掌握相关知识和技能。例如，设计一个项目，让学生从头开始开发一个简单的软件应用，这样的实践性学习能够更好地激发他们的学习兴趣和动机。

2. 案例分析和模拟

通过案例分析和模拟，教育者可以提供真实世界的情境，帮助学生将抽象的计算机理论联系到实际问题中。学生通过分析案例或参与模拟项目，能够更深入地理解计算机科学的概念和原理。这符合认知学习理论中关于学习情境的强调，让学生能够在真实场景中应用所学知识。

（三）社会文化学习理论在计算机教育中的应用

1. 合作学习和项目团队合作

社会文化学习理论强调社会互动对学习的重要性，因此在计算机教育中可以采用合作学习和项目团队合作的形式。通过让学生组成小组，共同解决问题或完成项目，促进学生之间的合作与交流，提高他们在计算机领域的综合素养。

2. 师生互动和导师制度

社会文化学习理论倡导学生通过与有经验的他人互动来获取知识。在计算机教育中，可以建立导师制度，由有经验的教育者或业界专业人士担任学生的导师，提供指导、建议和实践经验。师生互动能够加速学生的专业成长，使他们更好地适应计算机行业的发展。

（四）建构主义学习理论在计算机教育中的应用

1. 项目导向的学习

建构主义学习理论强调学生通过参与真实项目和任务来建构知识。在计算机教育中，可以采用项目导向的学习方法，让学生参与到实际的软件开发项目中，通过解决实际问题来学习相关知识和技能。

2. 学生中心的课程设计

建构主义理论鼓励学生主动参与学习过程，因此在计算机教育中可以采用学生中心的课程设计。这包括让学生选择学习内容、参与教学决策以及通过学术项目来展示他们的学习成果。这样的设计能够更好地激发学生的学习兴趣和动机。

（五）连接主义学习理论在计算机教育中的应用

1. 网络学习和在线社区

连接主义学习理论强调学习发生在社会网络中，因此在计算机教育中可以推动网络学习和在线社区的建设。学生可以通过在线平台获取资源、参与讨论、分享经验，这样的学习方式有助于拓展学生的视野，使其能够从全球范围内获取最新的信息和行业动态。

2. 社交媒体和协同工具的运用

社交媒体和协同工具是连接主义学习理论的有力工具。在计算机教育中，可以通过利用社交媒体平台、协同编辑工具等，搭建学生之间、学生与教育者之间的交流桥梁。这种方式不仅促进了信息的分享，还拓展了学习社群，使得学习过程更加社交化。

（六）情感学习理论在计算机教育中的应用

1. 创设积极的学习氛围

情感学习理论强调情感体验对学习的影响。在计算机教育中，可以通过创设积极的学习氛围，包括丰富多彩的教学资源、愉悦的学习环境以及支持性的教学态度。这样有助于培养学生对计算机科学的积极情感，增强其学科兴趣。

2. 情感智力培养

情感学习理论认为情感智力是个体成功学习的关键。在计算机教育中，可以通过情感智力培养，包括情感认知、情感调节和人际关系等方面的训练。培养学生具备较高的情感智力，有助于他们更好地面对学习中的挑战和难题。

学习理论在计算机教育课程设计中具有重要的指导作用。通过充分理解和应用不同学习理论的原则，教育者可以更有效地设计教学策略，满足学生的个体差异，提升教学效果。在实际教学中，灵活运用多种学习理论的元素，根据学科特点和学生需求，综合设计富有创新性和针对性的计算机教育课程。

三、学习理论对课程设计的启示与指导

学习理论是教育领域的基础之一，它提供了关于学习过程、学习者行为和学习环境的理论框架。在进行课程设计时，教育者可以借鉴不同学习理论的原理，根据教学目标和学生群体的特点，灵活运用这些理论来指导教学实践。本部分将探讨学习理论对课程设计的启示与指导，分析不同学习理论在课程设计中的应用，并提供相关的实际案例。

（一）行为主义学习理论的启示与指导

1. 启示

明确学习目标：行为主义理论强调设定明确的学习目标，并通过奖励和惩罚来强化学习。在课程设计中，要明确期望的学习结果，让学生清晰知道他们需要达到的目标。

2. 指导

创设反馈机制：构建及时有效的反馈机制，通过评价和奖励来开展学生期望的学习行为。这可以包括定期的测验、评估以及积极的鼓励和认可。

（二）认知学习理论的启示与指导

1. 启示

激发学生思维：认知学习理论强调学生对信息的主动处理和思考。在课程设计中，可以通过启发性问题、案例分析等方式，激发学生的思维，促使他们深入理解和应用知识。

2. 指导

设计启发性学习活动：引导学生参与问题解决、探究性学习和实践项目，通过实际经验构建知识结构。使用问题驱动的学习、实验室实践等方式，培养学生的主动学习能力。

（三）社会文化学习理论的启示与指导

1. 启示

注重社会互动：社会文化学习理论认为学习是社会互动和文化参与的结

果。在课程设计中，可以通过促进学生之间的合作与交流来创设社交化学习环境。

2. 指导

采用合作学习：设计合作性的学习任务，使学生能够共同解决问题、完成项目。利用小组讨论、团队合作等方式，促进学生之间的合作和信息共享。

（四）建构主义学习理论的启示与指导

1. 启示

倡导学生建构知识：建构主义学习理论强调学生通过与环境的互动主动建构知识。在课程设计中，提供多样的学习资源和实践机会，让学生在探究中促进自己的理解。

2. 指导

采用项目导向的学习：引入项目导向的学习，让学生通过参与实际项目来应用和建构知识。这可以包括实际的编程项目、科研项目等。

（五）连接主义学习理论的启示与指导

1. 启示

强调网络学习：连接主义学习理论认为学习发生在社会网络中。在课程设计中，推崇网络学习、在线社区等方式，让学生能够通过网络连接获取信息。

2. 指导

引入社交媒体和协同工具：利用社交媒体平台、协同编辑工具等，建立学生之间、学生与教育者之间的互动平台。这有助于学生在全球范围内分享信息和资源。

（六）情感学习理论的启示与指导

1. 启示

创设积极学习氛围：情感学习理论认为学习不仅涉及认知和技能，还与情感体验密切相关。在课程设计中，创设积极的学习氛围，关注学生的情感体验。

2. 指导

培养情感智力：引导学生认识和理解自己的情感，培养情感智力，使其能够更好地应对学习中的挑战和压力。

学习理论对课程设计提供了丰富的启示与指导。通过灵活运用不同学习理论的原则，教育者可以更好地满足学生的学习需求，提升教学效果。在课程设计中，教育者可以根据不同学科、学生群体和教学目标，选择合适的学习理论框架，综合运用相关理论的元素，打破传统教学的局限，促进学生的全面发展。

第四节　课程设计与信息化技术的融合

一、信息化技术与教育融合的背景

随着科技的迅速发展，信息化技术已经深刻地改变了人们的生活方式、工作方式以及教育方式。信息化技术与教育的融合为教育领域带来了前所未有的机遇和挑战。本节将探讨信息化技术与教育融合的背景，重点关注这一趋势的发展历程、关键技术和对教育的影响。

（一）发展历程

1. 计算机技术的引入

信息化技术在教育中的融合始于计算机技术的引入。20 世纪 60 年代末 70 年代初，计算机技术逐渐应用于教育领域，主要以计算机辅助教学为主。教育者可以利用计算机软件设计教学程序，提供个性化的学习体验。

2. 互联网时代的到来

随着互联网的普及，教育进入了新的阶段。20 世纪 90 年代，互联网的普及使得信息传递更为便捷。教育者可以通过网络获取丰富的学习资源，学生可以在线学习，打破了时间和空间的限制。

3. 移动互联网与智能设备的崛起

21 世纪初，随着移动互联网和智能设备的崛起，教育融合进入了新的阶段。学生可以随时随地通过智能手机、平板电脑等设备获取教育资源，学习方式更加灵活多样。

4. 大数据与人工智能的应用

近年来，大数据和人工智能等新兴技术的广泛应用为教育注入了新的活力。通过大数据分析学生的学习数据，教育者可以更好地了解学生的学习习惯和需求，为个性化教学提供支持。另外，人工智能技术也逐渐应用于教育智能化、个性化推荐等方面，提升了教学效果。

（二）关键技术

1. 云计算技术

云计算技术的应用使得教育资源能够以云端方式进行存储和管理。学生可以通过云端服务随时随地获取学习材料，教育者可以便捷地管理教学资源，实现资源的共享和协作。

2. 虚拟现实（VR）与增强现实（AR）

虚拟现实和增强现实技术为教育带来了沉浸式的学习体验。学生可以通过虚拟现实技术参与到虚拟实验、场景模拟中，增强其对学科知识的理解和记忆。增强现实技术则通过将虚拟信息叠加在现实世界中，可以为学生提供更为丰富的学习环境。

3. 大数据分析

大数据分析技术通过对学生的学习数据进行分析，揭示学生的学习习惯、偏好和难点，为教育者提供个性化教学的依据。同时，大数据分析还可以用于评估教学效果，指导教学改进。

4. 人工智能

人工智能技术在教育领域的应用日益广泛，包括智能辅导系统、个性化学习推荐系统等。人工智能可以根据学生的学习情况智能调整教学内容和难度，提供个性化的学习路径，提高学习效率。

（三）对教育的影响

1. 个性化学习

信息化技术为个性化学习提供了支持。教育者可以根据学生的学习数据和需求，设计个性化的学习计划和资源，使每个学生能够在适合自己学习风格的环境中发展。

2. 全球化教育

互联网的普及和信息化技术的发展促使教育跨越国界。学生可以通过在线课程、远程协作等方式与世界各地的学生和教育资源进行连接，实现全球化的教育体验。

3. 教学方式创新

信息化技术的应用使得传统的教学方式发生了变革。教育者可以通过在线教学平台、多媒体教学手段等更加灵活多样的方式进行教学，激发学生的学习兴趣。

4. 教育管理的优化

信息化技术的应用使得教育管理更加高效。学校管理系统、学生信息管理系统等工具的使用，使得学校能够更好地进行资源整合、数据管理和效果评估。

5. 终身学习的理念信息化技术的普及强调了终身学习的理念。学生和教育者可以随时随地通过在线平台、数字化资源进行学习，不再受制于时间和地点。这有助于个体在不同阶段不断提升自己的技能和知识水平，适应社会不断变化的需求。

信息化技术与教育的融合是不可逆转的趋势，它为教育带来了前所未有的发展机遇。随着计算机技术、互联网技术、人工智能技术等的不断发展，教育将迎来更为多元化、智能化的未来。同时，需要教育者、政策制定者和社会各方共同努力，解决相关的难题，确保信息化技术能够更好地为教育服务，让学生在数字时代能够更好地发展。

二、信息技术在课程设计中的角色

信息技术的快速发展不仅改变了社会的方方面面，也深刻地影响了教育领域。在课程设计中，信息技术的角色日益凸显，为教育提供了新的可能性。本部分将深入探讨信息技术在课程设计中的角色，包括其对教学方法、学习环境、学生参与等方面的影响，并对未来发展趋势进行展望。

（一）教学方法的创新

1. 个性化学习路径设计

信息技术可以根据学生的个体差异和学习能力设计个性化的学习路径。通过学习管理系统（LMS）和智能化的教学软件，教育者可以更好地了解学生的学习风格、兴趣和水平，从而调整教学策略，为每个学生量身定制学习计划。

2. 活动式学习设计

信息技术为活动式学习提供了更多的可能性。通过在线平台、虚拟实验室、模拟软件等工具，学生可以参与到更为真实、互动的学习活动中，促使他们可以更深入地理解和应用所学知识。

3. 协作学习和远程协作

信息技术为协作学习提供了全新的维度。学生可以通过在线协作平台，与全球范围内的同学进行实时协作，共同完成项目、解决问题。远程协作的模式打破了地理限制，丰富了学生的学习体验。

（二）学习环境的优化

1. 虚拟学习环境的构建

信息技术使得虚拟学习环境成为可能，学生可以通过计算机、平板等设备融入虚拟学堂。虚拟学习环境不仅能够提供更具互动性的学习材料，还能够模拟实际场景，帮助学生更好地理解抽象概念。

2. 在线教育平台的发展

随着在线教育的兴起，信息技术为学生提供了更灵活的学习选择。学生可以通过各类在线教育平台获取课程内容，自主安排学习时间，突破了传统课堂的时间和空间限制。

3. 数字化教材的应用

传统教材的数字化转变使得学生能够通过电子书、多媒体资源等方式获取更为丰富的学习材料。教育者可以灵活地更新、定制教材，使学习内容与时俱进。

（三）学生参与度的增强

1. 互动式课堂氛围

信息技术为课堂注入了更多互动元素。通过使用投影仪、互动白板、在线投票系统等工具，教育者能够更好地与学生互动，激发学生的兴趣，提高参与度。

2. 个性化反馈机制

信息技术允许建立更为精准的个性化反馈机制。通过在线测验、作业自动批改系统，学生能够更及时地获取反馈，了解自己的优势和改进空间，促使学习过程更加有针对性。

3. 学生创作与展示平台

信息技术为学生提供了更多展示自己创作成果的平台。学生可以通过博客、社交媒体、在线作品集等途径展示他们的学术和创意成果，培养其更多的自主学习意识。

（四）教育管理的改进

1. 学生数据分析与教学优化

信息技术的应用使得学生数据分析成为可能。通过分析学生的学习数据，教育者能够更好地了解学生的学习状况，及时调整教学策略，实现教学的优化。

2. 教学资源的集中与分享

信息技术的应用使得教学资源的集中管理和分享变得更加高效。学校、教育机构可以通过云端平台、在线资源库等方式集中管理和分享教学资源，实现资源的共享和高效利用，促进教学质量的提升。

3. 教育决策的科学化与精准化

信息技术的支持下，教育管理者可以更加科学、精准地进行决策。通过数据分析工具，可以获取学生群体的整体学情、课程效果等信息，为教育决策提供科学的依据，有助于推动教育改革和发展。

三、信息技术对课程设计方法的影响

随着信息技术的迅速发展，教育领域在不断探索如何充分利用这些技术来提升教学效果。在课程设计中，信息技术的应用对教学方法产生了深远的影响。本部分将深入探讨信息技术在课程设计中对教学方法的影响，包括其在个性化学习、互动性、实践性学习等方面的作用，并探讨未来的发展趋势。

（一）个性化学习的实现

1. 智能化学习系统

信息技术的应用使得智能化学习系统成为可能。通过学习管理系统（LMS）、人工智能（AI）等技术，教育者能够更精准地了解学生的学习需求和水平，从而设计更贴近个体差异的教学方案。这种个性化的学习设计有助于激发学生学习的积极性，提升学习效果。

2. 在线学习平台的个性化推荐

在线学习平台借助信息技术对学生的学习数据进行分析，通过推荐系统为学生提供个性化的学习资源和课程。基于学生的学科兴趣、学习历史等信息，推荐系统能够为学生提供更加符合其需求和水平的学习内容，从而提升学习的效果和兴趣。

3. 自主学习环境的构建

信息技术的应用为学生提供了更加自主的学习环境。学生可以通过电子教材、在线资源等自主选择学习的内容和方式，根据自己的学习节奏进行学习。教育者可以利用信息技术支持学生的自主学习，增强学生学习的主动性和创造性。

（二）互动性的增强

1. 虚拟实验室和模拟软件

信息技术为教育带来了虚拟实验室和模拟软件的应用，增强了学科的互动性。通过虚拟实验室，学生可以进行实验操作，观察现象，深入理解科学原理。模拟软件则使得学生能够在模拟环境中进行实际应用，增加了学科的实践性。

2. 在线讨论和协作工具

信息技术支持在线讨论和协作工具的广泛使用。学生可以通过在线平台参与讨论、分享观点，实现即时的互动交流。协作工具如谷歌文档、在线白板等，使得学生能够远程协作完成项目，促进了学生之间的合作和互动。

3. 多媒体教学手段

信息技术的应用丰富了教学手段，教育者可以更灵活地运用多媒体资源进行教学。图像、音频、视频等多媒体元素的融入，使得教学更具生动性和吸引力，从而激发学生的学习兴趣。

（三）实践性学习的促进

1. 虚拟实境和增强实境技术

信息技术为实践性学习提供了更多可能性，尤其是通过虚拟实境（VR）

和增强实境（AR）技术。学生可以在虚拟环境中进行模拟实践，体验实际操作，增加实际应用能力。例如，医学专业的学生可以通过 VR 技术进行虚拟手术训练。

2. 在线实践项目

信息技术的支持下，教育者可以设计更多在线实践项目，让学生在虚拟或实际环境中应用所学知识。这有助于学生将理论知识转化为实际技能，提升实践性学习的效果。

3. 数字化工具的应用

数字化工具的广泛应用推动了实践性学习的进展。例如，编程领域的学生可以通过在线编程平台进行实际的编程练习，管理专业的学生可以通过模拟企业资源规划系统进行实际操作。

（四）评估与反馈的创新

1. 在线测评与即时反馈

信息技术使得在线测评成为可能，学生可以通过计算机进行在线考试、测验。同时，系统可以立即生成评分和反馈，学生能够及时了解自己的学习水平，教育者也可以根据反馈调整教学策略。

2. 学习分析和大数据应用

信息技术的应用为学习分析和大数据应用提供了支持。通过分析学生的学习数据，可以获取学生的学习轨迹，了解他们的学习习惯、弱点和潜在问题。教育者可以根据这些数据制订更具针对性的教学计划，提供更为个性化的指导，以优化学生的学习过程。

3. 教学反思与改进

信息技术的应用促进了教学反思与改进。通过在线教学平台、教学管理系统等工具，教育者可以收集学生和教学过程的数据，进行定量和定性的分析。这为教育者提供了更全面的教学反馈，帮助其更好地了解教学效果，及时调整教学策略，实现教学的不断优化。

（五）挑战与应对

1. 技术差异和数字鸿沟

在信息技术应用中，不同地区、学校和学生之间存在技术差异，可能导致数字鸿沟。为解决这一问题，需要加大对技术基础设施的投入力度，提高各方面的技术素养，确保广大学生能够平等地受益于信息技术的支持。

2. 隐私和安全问题

随着信息技术在教育中的广泛应用，隐私和安全问题备受关注。学生和教育者的个人信息可能面临泄露、滥用的风险。因此，需要建立健全的数据隐私和安全保护体系，明确相关法规，确保信息的合法、安全使用。

3. 师资培训与技术支持

信息技术的发展速度较快，因此，教育者需要不断提升自身的技术水平，适应新技术的应用。需要建立完善的培训体系，为教育工作者提供及时、有效的技术培训和支持。

4. 教育模式的变革和认知转变

信息技术的应用要求教育模式发生变革，这需要教育者和决策者对传统教育模式进行认知转变。需要摆脱传统的“一刀切”式的教学方式，鼓励更多灵活、个性化的教学方法。这对整个教育体系的调整和创新提出了挑战。

信息技术在课程设计中的应用对教学方法产生了深远的影响。从个性化学习的实现到互动性的增强，再到实践性学习的促进，信息技术为教育带来了更多创新的可能性。然而，面对挑战，包括技术差异、隐私与安全问题、师资培训等，教育者和决策者需要共同努力，制定科学的政策、加强技术支持，以推动信息技术在教育中的良性发展。未来，随着人工智能、虚拟现实等技术的不断演进，信息技术在课程设计中的作用将会进一步加强，为学生提供更个性化、丰富多彩的学习体验。

第五节　多元智能理论与计算机教育

一、多元智能理论概述

多元智能理论是由美国心理学家霍华德·加德纳（Howard Gardner）于1983年首次提出的理论，该理论对传统的智力观念进行了颠覆性的重新构想。传统上，智力主要被单一的智商（智力商数，IQ）所衡量，而多元智能理论则提出了一个更广泛、更多元化的智力概念，认为人类拥有多种独立的智能形式。这一理论不仅对教育领域有着深远的影响，也在心理学、教育学以及教育技术等领域引起了广泛的关注与研究。

（一）多元智能理论的基本概念

1. 智能的多元性

多元智能理论认为，人类的智能不是一种统一的、全局性的能力，而是由多个独立的智能组成的。这些智能在个体中以不同的方式组织和运作，相互之间相对独立。加德纳最初提出了七种基本的智能形式，后来又扩展到了九种。

2. 九种基本智能

加德纳最初提出的七种基本智能包括：言语—语言智能、逻辑—数学智能、音乐智能、空间智能、运动智能、人际智能和内省智能。后来，他又增加了自然观察智能和存在智能，使得这一理论更为全面。每一种智能都代表了一种在特定领域内表现卓越的能力。

3. 智能的独立性

多元智能理论强调每种智能的独立性，即一个人在某一种智能上的表现并不一定与其他智能相关。一个人可能在音乐智能上表现出色，而在逻辑—数学智能上相对较弱，这与传统的智商观念形成了鲜明的对比。

（二）多元智能的具体类型

1. 言语—语言智能

言语—语言智能是指个体对语言的敏感性和理解能力。表现为对语言的敏感、阅读能力、写作能力、口头表达等方面的卓越表现。拥有这种智能的人在语言学科方面通常表现得非常出色。

2. 逻辑—数学智能

逻辑—数学智能是指个体解决逻辑问题和进行数学运算的能力。表现为喜欢进行抽象思维、解决问题的能力、逻辑推理等方面的卓越表现。拥有这种智能的人在数学和逻辑学科上通常表现得出色。

3. 音乐智能

音乐智能是指个体对音乐的敏感性和创造性。表现为对音调、旋律的敏感、演奏乐器的能力、创作音乐等方面的卓越表现。拥有这种智能的人在音乐领域通常表现得非常出色。

4. 空间智能

空间智能是指个体对空间的感知和利用的能力。表现为对空间的敏感、艺术创作能力、方向感等方面的卓越表现。拥有这种智能的人在美术、建筑设计等领域通常表现得出色。

5. 运动智能

运动智能是指个体在运动协调和控制方面的能力。表现为运动技能、身体协调能力、运动创造性等方面的卓越表现。拥有这种智能的人在体育、舞蹈等领域通常表现得非常出色。

6. 人际智能

人际智能是指个体与他人交往、沟通和合作的能力。表现为对他人情感的敏感、人际关系处理能力、领导力等方面的卓越表现。拥有这种智能的人在社交、管理等领域通常表现得非常出色。

7. 内省智能

内省智能是指个体对自身内心世界的敏感和理解能力。表现为对自己情感和思考的敏感、自我认知、自我控制等方面的卓越表现。拥有这种智能的人在心理学、哲学等领域通常表现得非常出色。

8. 自然观察智能

自然观察智能是指个体对自然环境的敏感和理解能力。表现为对自然事物的敏感、对生态系统的理解、植物与动物的认知等方面的卓越表现。拥有这种智能的人在环境科学、生物学等领域通常表现得出色。

9. 存在智能

存在智能是指个体对宇宙、生命、宗教等存在层面的敏感性和理解能力。表现为对宇宙的思考、对生命和死亡的理解、对宗教和哲学的兴趣等方面的卓越表现。拥有这种智能的人在哲学、宗教研究等领域通常表现得非常出色。

（三）多元智能理论的影响与争议

1. 教育领域的影响

多元智能理论对教育领域产生了深远的影响。在传统教育体系中，智力主要以语言数学智力为核心，而多元智能理论提倡根据学生的多元智能特点进行个性化教学。这为教育者提供了更多的教学策略和方法，使得教学更能满足学生的个性化需求。

2. 评估和测试的改革

多元智能理论的提出推动了评估和测试方法的改革。传统的智力测试通常以笔试为主，而多元智能理论倡导通过更多元化的方式来评估学生的智力，包括项目作业、表演、实践性任务等。

3. 职业发展的指导

多元智能理论为个体的职业发展提供了更多的选择。因为每个人在不同的智能领域可能有不同的天赋和优势，人们可以更灵活地选择适合自己智能特点的职业领域，发挥个体优势。

4. 争议与批评

尽管多元智能理论在一些领域取得了成功，但也受到了一些批评和争议。其中的一些争议包括：

缺乏实验证据：有些学者指出，多元智能理论的提出并没有足够的实验证据来支持其各种智能的存在。一些人认为，理论中提到的各种智能并没有被充分证实，缺乏科学的实证基础。

智能的定义问题：多元智能理论中的智能定义相对较为宽泛，这导致了一些理论在实践中难以具体应用。有人认为，理论中的一些智能与传统智商观念相重叠，导致了概念上的混淆。

缺乏具体教学指导：虽然多元智能理论为教育领域带来了新的思路，但一些教育者指出，理论在具体教学指导方面仍然较为模糊，缺乏明确的操作性建议。

多元智能理论的提出为我们对人类智能的理解提供了新的视角，改变了传统的智力观念。尽管在实践中存在一些争议，但多元智能理论的影响仍在教育领域、评估体系和职业发展中持续产生。未来，随着跨学科研究的深入和教育实践的不断创新，多元智能理论将继续在人类认知研究中发挥重要作用。

二、多元智能理论在计算机教育中的应用案例

计算机技术的飞速发展对教育领域产生了深刻的影响，同时多元智能理论为个性化教育提供了理论支持。将多元智能理论与计算机教育相结合，可

以更好地满足学生不同智能类型的需求，提升教学效果。本部分将通过一系列案例，探讨多元智能理论在计算机教育中的具体应用，涵盖言语—语言智能、逻辑—数学智能、空间智能等多个智能领域。

（一）言语—语言智能的应用案例

言语—语言智能是指个体对语言的敏感性和理解能力。在计算机教育中，通过创新的教学方法和技术工具，可以更好地培养和发展学生的言语—语言智能。

1. 在线写作平台

在线写作平台是一种利用计算机技术支持学生写作的工具。通过这种平台，学生可以在电脑上进行文章创作，进行语法检查、拼写检查等，提高语言表达的准确性。同时，学生可以通过在线平台进行互评，提升语言沟通的能力。

2. 语音识别技术

语音识别技术可以帮助学生提高口语表达能力。学生可以通过语音输入与计算机进行互动，进行口语训练。这种技术可以根据学生的发音、语调等方面提供即时的反馈，帮助他们改进口语表达方式。

3. 在线辩论平台

利用计算机技术搭建在线辩论平台，可以促进学生的辩论和演讲技能。学生可以通过平台在线进行辩论，进行言语交流。这不仅可以培养学生的辩论能力，同时可以提升他们的语言智能。

（二）逻辑—数学智能的应用案例

逻辑—数学智能是指个体解决逻辑问题和进行数学运算的能力。在计算机教育中，可以通过创新的教学方法和数字化工具培养学生的逻辑—数学智能。

1. 编程教育

编程教育是培养学生逻辑—数学智能的有效途径。学生通过学习编程语言，进行算法设计和程序编写，提高解决问题的逻辑思维能力。在线编程平台、虚拟实验室等工具可以帮助学生实践和应用所学知识。

2. 数学建模竞赛

数学建模竞赛是培养学生逻辑—数学智能的一种实践性方法。学生参与数学建模竞赛需要运用数学知识解决实际问题，这要求他们具备较高的逻辑推理和问题解决能力。计算机可以作为工具辅助学生进行建模和仿真。

3. 虚拟数学实验

利用虚拟实验平台，学生可以进行各种数学实验，观察数学现象并进行分析。通过虚拟实验，学生能够更好地理解抽象的数学概念，提高数学建模和解决实际问题的能力。

（三）空间智能的应用案例

空间智能是指个体对空间的感知和利用的能力。在计算机教育中，可以通过虚拟现实、图形设计等工具培养学生的空间智能。

1. 虚拟实境教学

利用虚拟实境技术，学生可以沉浸在虚拟的三维环境中，进行空间感知和利用的训练。这对学科如地理、建筑设计等有强烈空间要求的领域尤为重要。学生可以在虚拟环境中进行模拟实践，提高空间认知能力。

2. 图形设计软件

图形设计软件是培养学生空间智能的有效工具。学生可以通过学习使用诸如 Adobe Illustrator、Photoshop 等图形设计软件，进行创意设计、图形制作等活动。这不仅锻炼了学生的空间感知和创造性思维，还培养了他们对图形空间的把控能力。

3. 虚拟地理实践

利用虚拟地理实践工具，学生可以在虚拟世界中进行地理实践活动。例如，通过虚拟地图系统，学生可以进行地理探索、地理数据分析等任务，从而增强对地理空间的认识和理解。

（四）其他多元智能的应用案例

除了言语—语言智能、逻辑—数学智能、空间智能，多元智能理论还包括音乐智能、运动智能、人际智能、内省智能等。以下是这些智能在计算机教育中的应用案例：

1. 音乐智能的应用

音乐创作软件：利用音乐创作软件，学生可以通过计算机进行音乐创作。这种工具不仅提供了丰富的音乐素材和编辑功能，还通过可视化的界面使学生更容易理解和操作音乐元素。

在线音乐学习平台：学生可以通过在线音乐学习平台学习乐理、乐器演奏等知识。这些平台结合了多媒体技术，使学习过程更生动有趣，满足音乐智能发展的需求。

2. 运动智能的应用

运动模拟软件：利用运动模拟软件，学生可以进行各种运动的虚拟实践，如体育竞技、运动训练等。这有助于学生在计算机环境中培养运动智能，提高运动技能和协调能力。

健身应用程序：通过健身应用程序，学生可以在计算机上进行个性化的健身训练。这些应用程序结合了运动科学和计算技术，提供定制的锻炼方案，满足学生运动智能的培养需求。

3. 人际智能的应用

在线协作工具：利用在线协作工具，学生可以在计算机上进行团队合作和交流。这有助于培养学生的人际智能，提高沟通、协作和领导能力。

虚拟团队项目：通过虚拟团队项目，学生可以在计算机上参与模拟团队活动，解决实际问题。这种实践有助于培养学生在虚拟环境中进行人际互动的能力。

4. 内省智能的应用

虚拟心理咨询平台：利用虚拟心理咨询平台，学生可以在计算机上进行心理健康辅导。这种平台结合了计算机技术和心理学知识，帮助学生发展内省智能。

在线心理测评工具：学生可以通过在线心理测评工具了解自己的个性、情绪状态等。这种工具可以帮助学生更好地认知自己，促进其内省智能的发展。

未来，随着技术的不断创新和教育理念的发展，多元智能理论在计算机教育中的应用将更加成熟和广泛。新兴技术如人工智能、增强现实等将为多元智能理论的应用提供更多的可能性，促进学生全面发展。

三、融合多元智能理论的课程设计实践

教育的目标之一是培养学生全面发展的多元智能。多元智能理论提出了人类智能的多元性，强调每个人在不同领域都具有独特的智能优势。将多元智能理论融入课程设计实践，可以更好地满足学生个性化发展的需求，提升教学效果。本部分将通过分析融合多元智能理论的课程设计实践案例，探讨如何在教育中更好地应用这一理论。

（一）课程设计理念

1. 个性化教育理念

多元智能理论倡导个性化教育，强调每个学生在不同智能领域都有其独特的天赋和潜能。因此，课程设计应基于学生的多元智能水平，提供多样化的学习机会和资源，激发学生在各个领域的兴趣和潜力。

2. 实践性学习理念

多元智能理论强调实际应用与实践，认为知识应该与生活和实际问题相结合。因此，课程设计应注重实践性学习，通过项目、实验、案例等方式，使学生能够将理论知识运用到实际中，培养其解决问题的能力。

3. 合作与交流理念

多元智能理论中的人际智能强调个体与他人的交往和合作。因此，课程设计应鼓励学生之间的合作学习，通过小组项目、讨论等形式促进学生在人际交往中发展人际智能。

（二）多元智能理论在不同学科的应用

1. 语言文学课程设计

多元智能导向的文学阅读：在文学课程中，设计多元智能导向的文学阅读活动。通过多媒体、讨论等方式，引导学生运用言语—语言智能分析文学作品，同时培养其人际智能，通过与他人分享和讨论来理解文学作品的不同解读。

创意写作项目：鼓励学生进行创意写作，通过语言表达自己的观点和情感。这有助于培养学生的言语—语言智能和内省智能，让他们在创作中更好地认识自己和他人。

2. 数学课程设计

探究性数学学习：引导学生通过实际问题进行探究性学习。设计数学建模项目，让学生应用逻辑—数学智能解决实际问题。这种实践性学习可以促进学生的逻辑—数学智能的全面发展。

虚拟实验与数据分析：利用计算机技术，设计虚拟实验和数据分析任务。通过实际操作，学生不仅提高了对数学概念的理解，同时培养了空间智能和逻辑—数学智能。

3. 艺术与设计课程设计

图形设计与空间智能：在艺术与设计课程中，引入图形设计软件，让学生通过计算机进行创意设计。这既培养了学生的空间智能，又激发了他们的创造性思维。

音乐创作与音乐智能：设计音乐创作项目，让学生运用计算机软件进行音乐创作。这不仅锻炼了学生的音乐智能，同时培养了他们对音乐空间的感知和理解。

4. 科学与技术课程设计

编程与逻辑—数学智能：引入编程教育，让学生通过计算机编写程序。这有助于培养学生的逻辑—数学智能，同时提升他们在科学与技术领域的实际应用能力。

虚拟实验与自然观察智能：利用虚拟实验平台，让学生进行自然观察和科学实验。这有助于发展学生的自然观察智能，同时通过计算机模拟实验提高科学实验的效率。

未来，随着教育技术的不断发展和多元智能理论的深入研究，融合多元智能理论的课程设计将更加成熟和广泛应用。这将为学生提供更多元化、个性化的学习体验，推动教育朝着更全面发展的方向迈进。

第二章 大学计算机教育课程体系构建

第一节 计算机教育专业核心课程设置

一、核心课程的选择与理念

教育是社会发展的引擎，而核心课程作为教育体系的基础，直接关系到学生的学科知识体系、综合素养和未来发展方向。核心课程的选择与理念反映了一个国家或学校对教育的目标和价值观的认知。本部分将深入探讨核心课程的选择与理念，旨在揭示其背后的原则、目标，并探讨其在培养学生方面的实际影响。

（一）核心课程的定义与分类

1. 核心课程的定义

核心课程是教育体系中被认为对学生学科素养、综合能力和核心价值观具有重要作用的课程。它们通常包括基础学科、综合素质课程以及培养学生核心能力的专业课程。

2. 核心课程的分类

基础学科：如语文、数学、外语等，构建学生的基础知识体系。

综合素质课程：包括社会科学、自然科学、人文艺术等，培养学生的综合素养。

专业核心课程：针对不同专业的核心课程，深入学习学科知识和培养学生的实际应用能力。

（二）核心课程的选择理念

1. 全面素质培养

核心课程的选择理念应当注重全面素质培养，旨在使学生在学科知识的同时，培养批判性思维、创新意识、团队协作等能力。这种理念体现了对学生整体素质的关注，培养学生在各个方面都具备一定水平的综合素养。

2. 适应社会需求

核心课程应当紧密结合社会需求，反映社会对人才的期望值。这既包括对专业领域的需求，也包括对跨学科、综合素质人才的需求。课程设计应当具有前瞻性，能够培养适应未来社会变革的人才。

3. 培养批判性思维与解决问题能力

核心课程的选择理念应当注重培养学生的批判性思维和解决问题的能力。这种理念不仅关注学科知识的传授，更强调学生对知识的理解、应用和创新，培养学生独立思考和解决实际问题的能力。

4. 注重跨文化与国际视野

随着全球化的发展，核心课程的选择理念应当注重培养学生的跨文化沟通能力并拓宽其国际视野。这包括引入国际化的课程内容、提供国际交流的机会，从而培养学生的国际竞争力。

（三）核心课程的实际影响

1. 学科知识体系的建构

核心课程对学生学科知识体系的建构具有决定性的影响。通过基础学科的学习，学生可以建立扎实的学科基础；通过综合素质课程的学习，学生可以获得跨学科的知识；通过专业核心课程的学习，学生可以深入了解专业领域的核心知识。

2. 综合能力的培养

核心课程注重全面素质培养，通过综合素质课程和专业核心课程，学生将在批判性思维、创新意识、团队协作等方面得到锻炼，从而培养其一系列综合能力。这对学生的职业发展和社会适应性的培养具有重要意义。

3. 职业发展方向的引导

通过专业核心课程的设置，学生在学习过程中逐渐明确自己的兴趣和职业发展方向。这有助于学生更好地规划自己的职业生涯，提高学习的更具针对性和实际应用能力。

4. 培养国际竞争力

核心课程中引入国际化元素，通过国际课程、国际交流等方式，培养学生的跨文化沟通能力和国际竞争力。这有助于学生更好地适应全球化的社会环境。

（四）面临的挑战与应对策略

1. 课程内容更新与适应性

挑战：社会变革速度加快，新兴领域不断涌现，传统核心课程可能无法及时跟进。

应对策略：引入灵活的课程设计机制，及时更新课程内容，紧密关注社会发展趋势，开设具有前瞻性的课程，确保学生获得最新的知识和技能。

2. 跨学科整合的难题

挑战：跨学科的核心课程整合需要打破学科之间的壁垒，涉及教师团队的协同合作等问题。

应对策略：鼓励教师跨学科合作，设立跨学科的课程项目，促使学科之间的有机整合，培养学生具备综合知识的能力。

3. 全球化背景下的多元文化考量

挑战：在全球化的背景下，培养学生的国际视野需要考虑多元文化和语境。

应对策略：引入国际化的课程内容，组织国际交流与合作项目，培养学生的跨文化沟通和适应力，以更好地适应全球化的挑战。

4. 个性化学习需求的解决

挑战：学生具有不同的学习风格和兴趣，传统的核心课程可能无法满足个性化的学习需求。

应对策略：引入个性化学习的元素，提供选修课程、自主学习项目等方式，使学生能够更灵活地选择符合自身兴趣和职业方向的课程。

（五）未来发展趋势与展望

1. 数字化技术的应用

随着数字化技术的不断发展，未来核心课程的设计将更多地融入数字化技术。在线学习、虚拟实验室、智能教育平台等将成为核心课程的重要组成部分，提升教学的效率和互动性。

2. 强调可持续发展教育

在全球面临的气候变化、资源匮乏等挑战下，核心课程的未来发展趋势将更加强调可持续发展教育。涉及可持续发展的课程将成为培养学生全球责任感和环保意识的关键。

3. 强化创新创业教育

面对日益激烈的社会竞争，未来核心课程将更加强调创新创业教育。学生将接触到创业理念、商业模式设计等内容，培养其创新思维和实际操作能力，帮助其更好地适应快速变化的职业环境。

4. 推动国际合作与交流

未来核心课程的发展将更加强调国际合作与交流。通过建立国际化的学术交流平台，学生将有更多机会参与国际性的课程项目、学术研究和实践活动，拓展国际视野。

5. 加强人工智能与技术教育

随着人工智能等技术的发展，未来核心课程将更加关注相关技术的教育。学生将学习人工智能、大数据、物联网等前沿科技知识，提前适应未来科技发展的趋势。

核心课程的理念与选择直接关系到学生的学科知识结构、综合素养和职业发展方向。在未来的发展中，应注重素质全面培养、适应社会需求、培养批判性思维与解决问题能力、注重跨文化与国际视野等理念。同时，教师应认识到核心课程在培养学生方面的实际影响，包括学科知识的建构、综合能力的培养、职业发展方向的引导等方面。在应对挑战的过程中，教师可通过更新课程内容、跨学科整合、国际化视野等方式来不断提升核心课程的质量。未来，随着社会的不断发展和变革，核心课程将在培养具有全球竞争力的优秀人才方面发挥越来越重要的作用。

二、专业知识与技能课程的设置

在当今快速变化的社会中，为了培养具有实际能力和适应力的专业人才，专业知识与技能课程的设置显得尤为关键。这些课程不仅需要涵盖相关专业领域的核心知识，更需要关注学生的实际操作能力、解决问题的能力以及创新意识。本部分将深入探讨专业知识与技能课程的设置，探讨其设计原则、内容特点以及在学生职业发展中的作用。

（一）专业知识与技能课程的定义与重要性

1. 专业知识与技能课程的定义

专业知识与技能课程是指在特定专业领域内，为学生提供系统、深入的专业知识和实际操作技能的一系列课程。这些课程旨在使学生能够熟练掌握相关专业理论，使其具备实际问题解决的能力，为其未来从事相关职业奠定坚实基础。

2. 专业知识与技能课程的重要性

提供实际操作技能：专业知识与技能课程不仅注重理论知识的传授，更侧重培养学生的实际操作技能，使其能够熟练运用所学知识解决实际问题。

促进职业发展：学生通过专业知识与技能课程的学习，能够更好地适应职业领域的需求，提高就业竞争力，实现个人职业发展。

培养创新意识：这些课程旨在培养学生的创新意识和解决问题的能力，使其具备面对未知挑战时的应变能力。

（二）专业知识与技能课程的设计原则

1. 紧密结合行业需求

专业知识与技能课程的设计应该充分考虑所属行业的需求。了解行业发展趋势、技术更新、用人需求等，确保课程内容与行业实际紧密结合，培养出更符合市场需求的专业人才。

2. 注重实践操作环节

为了培养学生的实际操作技能，专业知识与技能课程的设计应该注重实践环节。通过实验、实训、项目等方式，让学生在真实场景中应用所学知识，增强其实际操作能力。

3. 灵活应对技术变革

针对技术的快速更新和行业的不断变革，专业知识与技能课程的设计应该具有一定的灵活性。及时调整课程内容，引入新技术和新理念，使学生能够跟上行业发展的步伐。

4. 培养团队协作与沟通能力

现代职场注重团队协作和沟通能力，因此，专业知识与技能课程的设计应该考虑培养学生的团队协作和沟通技能。通过团队项目、合作实训等方式，培养学生在团队中协同工作的能力。

5. 综合应用多学科知识

随着社会问题的复杂性增加，专业人才需要具备跨学科的知识。因此，专业知识与技能课程的设计应该引入相关的跨学科知识，使学生能够更全面地解决实际问题。

（三）专业知识与技能课程的内容特点

1. 理论与实践结合

专业知识与技能课程的内容既包括相关专业领域的理论知识，也包括实际操作技能。理论知识为实际操作提供理论基础，而实际操作则是理论知识的应用和实践。

2. 项目实战导向

为了培养学生的实际操作技能，专业知识与技能课程通常以项目实战为导向。通过实际项目的设计与实施，学生能够在真实场景中应用所学知识，提高解决实际问题的能力。

3. 行业前沿技术与趋势

由于技术的快速变革，专业知识与技能课程的内容通常会涵盖行业前沿技术和发展趋势。学生需要了解最新的技术动态，保持对行业发展的敏感性。

4. 团队协作与沟通技能培养

为了满足职场需求，专业知识与技能课程通常注重培养学生的团队协作和沟通技能。通过团队项目、讨论课等方式，学生能够更好地适应团队协作的工作环境。

由于现代问题的综合性和跨学科性，专业知识与技能课程的内容通常涵盖多学科知识的综合应用。这有助于培养学生在解决实际问题时能够从多个角度进行思考，使其具备更全面的解决问题的能力。

（四）专业知识与技能课程在学生职业发展中的作用

1. 提高就业竞争力

专业知识与技能课程的学习使学生在特定领域内具备了深厚的专业知识和实际操作技能，从而提高了他们在就业市场上的竞争力。雇主更倾向于招聘具备相关专业技能的应届毕业生。

2. 适应职业需求

这类课程的设置能够帮助学生更好地适应特定行业的需求。通过深入学习相关专业知识和实际操作技能，学生能够更容易地适应并胜任相应职业的工作要求。

3. 培养实际操作技能

专业知识与技能课程注重实践环节，使学生能够在实际工作中应用所学的知识。这有助于培养学生的实际操作技能，使他们能够更快速地适应工作环境。

4. 拓展职业发展方向

通过专业知识与技能课程的学习，学生不仅能够掌握某一专业领域的核心知识和技能，还能够拓展自己的职业发展方向。这有助于他们更全面地理解行业发展趋势，找到更适合自己兴趣和所长的职业方向。

5. 培养解决问题的能力

专业知识与技能课程强调实际问题解决，培养学生解决问题的能力。这使得他们在工作中能够更好地面对各种挑战，提出创新性的解决方案。

三、实践性课程在专业核心课程中的地位

在现代高等教育中，专业核心课程作为培养学生专业素养和实际操作能力的重要组成部分，其中实践性课程更是在理论学习的基础上，通过实际操作和实践活动，促使学生将所学知识转化为实际能力。本部分将深入探讨实践性课程在专业核心课程中的地位，分析其重要性、设计原则以及对学生职业发展的影响。

（一）实践性课程的定义与特点

1. 实践性课程的定义

实践性课程是指在专业学科领域内，通过实际操作、实践活动或实地实习等方式，使学生能够将理论知识应用到实际工作中，培养实际操作技能和解决问题的能力的一类课程。这类课程强调学以致用，通过实践锻炼学生的实际操作能力，提升其在职业领域的竞争力。

2. 实践性课程的特点

注重操作技能：实践性课程更加注重学生实际操作技能的培养，通过实际动手操作，使学生能够熟练运用所学知识。

强调问题解决：这类课程通常设计有解决实际问题的实践活动，培养学生的问题解决能力和创新思维。

贴近职业需求：实践性课程设计紧密结合行业实际需求，使学生能够更好地适应职业发展的要求。

强化团队协作：在实践性课程中，通常会安排学生进行团队合作，培养其团队协作和沟通技能。

提升实际经验：学生通过实践性课程能够积累实际经验，更好地理解职业领域的运作机制，增加就业竞争力。

（二）实践性课程在专业核心课程中的重要性

1. 巩固理论知识

实践性课程作为专业核心课程的一部分，能够帮助学生巩固所学的理论知识。通过将理论知识应用到实际中，学生能够更深刻地理解和记忆所学的专业知识。

2. 培养实际操作技能

实践性课程的重要性在于培养学生的实际操作技能。通过实际的操作活动，学生能够锻炼并提升其在专业领域的实际操作能力，并为其将来的职业生涯发展打下坚实基础。

3. 促进综合素质的培养

实践性课程注重问题解决和团队协作，有助于培养学生的创新思维、批判性思维、沟通协作等综合素质。这些素质在职业生涯中同样至关重要。

4. 提高就业竞争力

具备实际操作技能和实践经验的学生在就业市场上更具竞争力。雇主更愿意选择那些能够迅速适应工作环境、具备实际经验的应届毕业生。

5. 强化行业适应性

通过实践性课程，学生能够更好地了解自己所学专业领域的实际运作方式，增强对行业的适应性，从而可以更好地融入职业生涯。

（三）实践性课程在专业核心课程中的设计原则

1. 紧密结合专业实际需求

实践性课程的设计应当紧密结合所属专业领域的实际需求，了解行业发展趋势，从而确保课程内容能够满足学生在职业领域的实际操作和解决问题的需要。

2. 注重问题导向的实践活动

实践性课程的设计应该注重问题导向的实践活动，使学生通过解决实际问题来应用所学知识，培养其解决问题的能力。

3. 多层次、多形式的实践活动

实践性课程的设计应该包括多层次、多形式的实践活动，既有实践实验、实地考察，也包括项目实践、模拟实战等多样化的实践形式。这样的设计有助于满足不同学生的学习风格和能力水平，提高实践性课程的灵活性和适应性。

4. 强调团队协作与沟通技能培养

实践性课程应该强调团队协作和沟通技能的培养。通过团队项目、合作实训等方式，学生将更好地理解团队协作的重要性，提升与他人协作的能力。

5. 结合先进技术手段

随着科技的不断进步，实践性课程的设计应结合先进技术手段，如虚拟实验室、模拟软件等，为学生提供更全面、安全的实践环境，同时提高其在数字化时代的实际操作技能。

（四）实践性课程对学生职业发展的影响

1. 提高就业竞争力

通过实践性课程的学习，学生不仅可以掌握理论知识，还可以具备实际操作技能和实践经验，使其在就业市场上更具竞争力。雇主更倾向于选择那些能够迅速适应工作环境的毕业生。

2. 增强实际操作技能

实践性课程的目的之一是培养学生的实际操作技能。这不仅使学生能够更好地适应职业领域的实际工作要求，同时也可以提高他们在职场中的表现水平。

3. 培养解决问题的能力

实践性课程通常注重问题解决和创新思维的培养。学生在解决实际问题的过程中，培养了独立思考和解决问题的能力，使其具备在职业领域中迎接各种挑战的能力。

4. 促进综合素质的发展

实践性课程中的团队协作、沟通技能培养等方面的活动，有助于学生综合素质的全面发展。这些素质包括团队合作能力、沟通技能、领导力等，是现代职场中非常重要的竞争力量。

5. 拓展职业发展方向

通过实践性课程的学习，学生将更清晰地了解自己所学专业领域的各个方面，有助于他们在职业生涯中更有针对性地选择和拓展自己的职业发展方向。

第二节　课程体系的结构与层次

一、课程体系的逻辑结构

课程体系是指一个学科、专业或课程体系内涵和结构的有机组合，它包括各种不同类型的课程，以满足学生在特定领域内的全面发展需求。一个科学合理的课程体系应当具有良好的逻辑结构，以确保学生能够系统性、有序地学习相关知识和技能。本部分将深入探讨课程体系的逻辑结构，包括其定义、构建原则、层次结构等方面的内容。

（一）课程体系的定义

1. 课程体系的概念

课程体系是一个学科或专业内，有机整合各类课程的系统安排。它旨在确保学生在学习过程中能够全面、有序地掌握相关知识和技能，逐步达到既定的学习目标。

2. 构成要素

一个完整的课程体系通常包括核心课程、选修课程、实践性课程等多个层次和类型的课程。核心课程是基础，选修课程是拓展，实践性课程是应用，它们共同构成了一个有机的整体。

（二）课程体系的构建原则

1. 全面性原则

课程体系应当全面覆盖相关学科或专业领域的主要知识点和技能要求。这意味着学生通过学习课程体系能够获得该领域的核心内容以及拓展的知识。

2. 有序性原则

课程体系的构建应当有序进行，从基础到深入，由易到难，确保学生在学习过程中能够逐步深化其对知识的理解，并能够更好地应对复杂的问题。

3. 灵活性原则

课程体系需要具备一定的灵活性，以适应不断变化的社会和行业需求。在设计课程体系时，教师应考虑到学科发展的前沿和趋势，灵活调整和更新课程内容。

4. 应用性原则

课程体系中应当融入实践性课程，确保学生在学习过程中能够通过实际操作应用所学知识，培养其解决问题的实际能力。

5. 综合性原则

课程体系应当综合考虑不同类型课程的设置，包括理论课程、实践性课程、研究性课程等，使学生能够全方位地构建自己的知识结构和提高素养。

（三）课程体系的逻辑结构

1. 核心课程层

核心课程是课程体系的基础，它包括学科或专业的必修课程，是学生建立学科基础知识体系的关键。这一层的课程通常包括基础理论、基本概念和方法论等。

2. 专业方向课程层

在核心课程的基础上，学生可以根据个人兴趣和职业发展方向选择专业方向课程。这一层课程可以进一步深化学生对特定领域的理解，包括深度的理论课程和专业实践性课程。

3. 选修课程层

选修课程层为学生提供了更大的自由度，学生可以根据个人兴趣和发展需求选择特定的选修课程。这有助于个性化学习，以满足不同学生的发展需求。

4. 实践性课程层

实践性课程层是课程体系中非常重要的一部分，通过实践性课程，学生能够将所学知识应用到实际情境中，培养其实际操作技能和解决问题的能力。

5. 综合设计课程层

综合设计课程层是整个课程体系的高层次，它旨在通过综合设计项目，让学生能够全面运用所学知识和技能，解决复杂的实际问题。这一层的课程通常涵盖跨学科的内容，培养学生的综合素质，包括团队协作、创新能力、跨学科思维等。

（四）课程体系的实施与管理

1. 学分体系

在构建课程体系时，需要根据每门课程的难度和学时分配相应的学分。学分体系有助于学生合理安排学业，同时也是对教学质量的一种监控和评价机制。

2. 评估体系

为了确保课程体系的有效实施，需要建立完善的评估体系。包括学生的学业成绩评估、教学质量评估、课程内容更新评估等多个方面，以持续改进和优化课程体系。

3. 导师制度

引入导师制度有助于学生更好地规划自己的学业和职业发展。导师可以根据学生的兴趣和发展方向为其提供个性化的指导和建议，帮助学生更好地理解课程体系。

4. 信息化支持

利用信息技术手段支持课程体系的实施与管理是必不可少的。建立完善的课程管理系统、学生信息系统，提供在线教学资源等，有助于提高教学效果和增加学生学习体验。

二、不同层次课程的衔接与过渡

在一个完整的教育体系中，不同层次的课程构成了学生学业发展的阶梯。如何实现这些课程之间的有效衔接与过渡，确保学生能够顺利、连贯地学习，是教育体系设计中至关重要的一环。本部分将深入探讨不同层次课程的衔接与过渡，包括其定义、重要性、设计原则、实施策略以及面临的挑战与应对策略。

（一）不同层次课程的定义

1. 基础层次课程

基础层次课程通常是学科或专业的入门课程，主要包括相关领域的基础概念、理论和方法。这一层次的课程旨在为学生打下学科知识的基础，为其更深入的学习奠定基础。

2. 中间层次课程

中间层次课程在基础层次的基础上，进一步拓展学科知识，涵盖较为复杂和深入的理论和实践内容。这些课程旨在培养学生的分析、解决问题和创新能力。

3. 高级层次课程

高级层次课程是学科或专业的深度学习阶段，通常包括专业领域的前沿知识、高级理论和复杂的实践项目。这一层次的课程旨在培养学生的专业深度和综合素质。

（二）不同层次课程的衔接与过渡的重要性

1. 学科知识的连贯性

不同层次课程的衔接与过渡有助于确保学科知识的连贯性。学生能够逐步深化对知识体系的理解，避免学科知识的断层和跳跃。

2. 学业生涯的规划

衔接与过渡的良好设计有助于学生更好地规划自己的学业生涯。学生能够在基础层次明确自己的兴趣方向，在中间层次逐步深化专业领域，在高级层次实现专业深度和综合素质的提升。

3. 学习动力的保持

通过渐进的学科难度和深度，学生在学习过程中能够保持学习的兴趣和动力。逐渐提高学习内容的难度和深度有助于激发学生的求知欲望，防止出现学习疲劳和使学生失去学习兴趣。

4. 职业发展的顺利过渡

不同层次课程的衔接与过渡对学生职业发展的顺利过渡至关重要。高级层次的课程往往与实际职业需求更为贴近，通过合理的衔接，学生能够更好地适应职场挑战。

（三）不同层次课程的衔接与过渡的设计原则

1. 明确学习目标和能力要求

在设计不同层次课程的衔接与过渡时，需要明确每个层次的学习目标和能力要求。明确的学习目标有助于确保学生在每个阶段都能够达到相应的水平。

2. 逐级递进的难度和深度

设计不同层次课程时，应当考虑逐级递进的难度和深度。基础层次的课程为高级层次提供必要的基础，中间层次在此基础上逐步拓展难度，高级层次则深入专业领域。

3. 强调知识的整合与应用

衔接与过渡的设计应当强调知识的整合与应用。通过案例分析、实践项目等方式，让学生将其所学知识整合运用，以培养他们解决实际问题的能力。

4. 引入实践性课程和项目

实践性课程和项目是不同层次课程衔接与过渡的有效手段。通过参与实际项目，学生能够更好地将理论知识转化为实际能力，提升职业素养。

5. 提供导师指导和个性化支持

引入导师指导和个性化支持机制，帮助学生更好地应对不同层次课程之间的过渡。导师可以根据学生的学术兴趣和职业规划，提出个性化的建议和指导。

（四）不同层次课程的衔接与过渡的实施策略

1. 开设过渡课程

在不同层次之间，可以开设过渡课程，帮助学生顺利适应新的学习环境和学科难度。这些过渡课程可以包括学习方法、学科导论等，旨在为学生提供过渡期的支持和引导。

2. 实施横向交叉课程

引入横向交叉课程，即跨越不同层次的课程，有助于打破层次之间的界限，促进知识的交叉融合。这样的课程设计可以激发学生的跨层次学科思维，增加课程的灵活性。

3. 建立层次间的桥梁课程

在不同层次之间建立桥梁课程，将前一层次的知识与后一层次的知识进行衔接。这些桥梁课程可以强调基础知识的重要性，帮助学生更好地理解和应用高阶知识。

4. 实行导师制度

导师制度是有效的个性化支持手段，通过为学生分配专业导师，可以提供个性化的学业规划和职业指导。导师可以帮助学生更好地过渡到新的学习阶段，解答其在学业和职业规划上的疑虑。

5. 开设职业素养课程

为了促进学生职业发展的过渡，可以在高级层次课程中开设职业素养课程。这些课程可以包括职业规划、沟通技能、团队合作等内容，使学生更好地适应职场环境。

三、跨学科课程在计算机教育中的融合

计算机科学与技术领域的迅猛发展不仅推动了技术创新，也对人才培养提出了更高要求。传统的计算机教育往往注重专业知识的传授，然而，随着社会的变革和技术的日新月异，跨学科课程的融合成为提高计算机专业人才的必要手段。本部分将深入探讨跨学科课程在计算机教育中的融合，包括其背景、融合模式、实施策略、优势挑战以及未来发展趋势。

（一）背景与意义

1. 计算机科学的发展趋势

随着人工智能、大数据、云计算等新技术的涌现，计算机科学逐渐渗透到各个行业和领域。单一的计算机专业知识已经无法满足社会对人才的多元需求，对综合素质和跨学科能力的要求日益提高。

2. 跨学科的重要性

跨学科强调不同学科之间的交叉融合，可以更好地解决现实世界中的复杂问题。在计算机科学中，跨学科融合有助于培养具备全球视野、创新思维和团队协作能力的计算机专业人才。

（二）跨学科课程的融合模式

1. 计算机科学与人文学科的融合

通过将计算机科学与人文学科如语言学、文学、艺术等融合，可以培养具备跨文化交流、用户体验设计等能力的计算机专业人才。例如，在计算机游戏设计中引入故事情节设计，融合计算机科学与创意写作。

2. 计算机科学与自然科学的融合

将计算机科学与自然科学如生物学、化学、物理等融合，可以培养计算机生物信息学家、计算机化学家等跨学科人才。例如，生物信息学领域的基因组数据分析，需要计算机专业人才与生物学家共同合作。

3. 计算机科学与社会科学的融合

将计算机科学与社会科学如经济学、社会学、心理学等融合，有助于培养计算机专业人才更好地理解和解决社会问题。例如，在人工智能伦理方面的研究，需要计算机专业人才与社会科学家共同参与。

4. 计算机科学与工程学的融合

在计算机科学与工程学之间进行融合，可以培养工程化思维、实际问题解决能力的工程技术型人才。例如，在物联网领域，计算机专业人才需要与电子工程师、网络工程师等密切合作。

（三）实施策略与方法

1. 课程设计与整合

设计跨学科课程，将不同学科的知识有机整合到计算机科学的课程体系中。通过项目式教学、实践性任务等方式，使学生在实际问题中运用多学科知识。

2. 导师团队建设

建设跨学科的导师团队，涵盖计算机科学、人文学科、自然科学、社会科学等多个领域的专业人才。导师团队可以为学生提供跨学科的指导和支持，推动教育与研究的有机融合。

3. 实践性项目与合作

通过开展实践性项目，促使学生在真实场景中跨学科合作。与其他学科的专业人才组成团队，共同解决实际问题，培养学生的团队协作和解决复杂问题的能力。

4. 实习与产学合作

加强与企业和产业界的合作，为学生提供跨学科的实习机会。通过实际项目参与，学生可以深入了解跨学科合作的重要性，增强实际问题解决的能力。

5. 创新创业教育

引入创新创业教育元素，培养学生的创新意识和创业精神。跨学科的创新创业项目有助于培养学生的跨学科思维和实际应用能力。

（四）跨学科融合的优势

1. 全面素养的培养

跨学科融合可以培养出更具全面素养的计算机专业人才，他们既具备计算机科学的专业知识，又能够理解和应用其他学科的知识解决问题。

2. 创新能力的提升

跨学科融合为学生提供了更广泛的知识视野，有助于激发创新思维。通过接触不同领域的知识，学生更容易发现新的问题、提出创新性的解决方案，培养了跨学科创新的能力。

3. 解决复杂问题的能力

许多现实世界的问题都是复杂、跨学科性质的，需要多方面的知识和技能。跨学科融合培养的计算机专业人才更擅长处理这些综合性问题，其具备解决复杂问题的能力。

4. 提高就业竞争力

具备跨学科背景的计算机专业人才在就业市场上更具竞争力。企业和组织越来越需要综合素质出色、能够跨界合作的人才，这种跨学科培养模式使得学生更容易适应职业发展的多样性需求。

5. 促进学科交叉与合作

跨学科融合促进了学科之间的交叉与合作。通过不同学科的教师和专业人才的合作，学科之间的交流更为密切，有助于推动学科之间的创新与进步。

第三节　信息化技术与跨学科融合

一、信息技术与跨学科融合的背景

（一）发展背景

1. 信息技术的全面渗透

信息技术已经在社会各个层面全面渗透，成为推动社会发展的核心动力。从传统的计算机应用到云计算、大数据、人工智能等的涌现，信息技术正在不断拓展其应用领域。

2. 多学科问题的复杂性

许多现实世界的问题变得越来越复杂，不再局限于单一学科的范畴。解决这些问题需要综合运用不同学科的知识和方法，促进了跨学科融合。

3. 创新和应用的迫切需求

信息技术创新与应用对推动科技进步、提高社会效率和解决实际问题至关重要。跨学科合作能够促进创新的涌现，使得信息技术更好地应用于解决实际问题。

（二）融合模式

1. 信息技术与医学融合

将信息技术与医学相结合，形成医学信息学。通过电子病历、远程医疗、医疗大数据等方式，实现医疗信息的互联互通，提高医疗效率和服务水平。

2. 信息技术与教育融合

教育技术的发展使得信息技术与教育更为深入的融合。在线教育、智能化教学系统、虚拟现实技术等的应用，为教育领域发展带来了更多的可能性。

3. 信息技术与环境科学融合

利用信息技术解决环境问题，构建智能化环境监测系统、大气污染预测模型等，促进环境保护和可持续发展。

4. 信息技术与艺术设计融合

利用信息技术拓展艺术设计的边界，通过虚拟现实、计算机生成艺术等方式，创造出更具创意和技术感的艺术品。

5. 信息技术与金融融合

金融科技的兴起是信息技术与金融深度融合的体现。区块链、人工智能算法交易等技术的应用，为金融行业带来了颠覆性的改变。

（三）实施策略

1. 课程体系的整合

设计整合性的课程体系，将信息技术的核心知识与其他学科的基础知识相结合。例如，开设信息技术与医学、信息技术与环境科学的整合性课程。

2. 实践项目的推动

推动学生参与实践项目，通过项目合作的方式，让学生在真实场景中运用信息技术解决跨学科问题。实践项目能够培养学生的团队协作和解决问题的能力。

3. 跨学科导师团队建设

建设包含信息技术专业人才和其他学科专业人才的跨学科导师团队。导师团队可以提供学科之间的指导，帮助学生更好地理解和应用信息技术。

4. 实习与产业合作

加强与产业界的合作，提供更多的实习机会。通过实际工作经验，学生可以更好地理解信息技术在不同领域的应用，培养其实际问题解决的能力。

5. 强调团队协作和沟通技能

强调学生的团队协作和沟通技能。信息技术的跨学科应用通常需要与其他领域的专业人士进行合作，团队协作和良好的沟通至关重要。

（四）跨学科融合的优势

1. 问题解决的全面性

信息技术的跨学科融合使得问题解决得更全面。不仅考虑到技术层面的实现，还能够结合其他学科的知识，更好地满足实际问题的多样性需求。

2. 创新的多样性

跨学科合作有助于创新的多样性。不同学科的融合带来了不同思维方式和解决问题的途径，促使创新更为多样化。信息技术的创新不再仅限于技术本身，还包括与其他学科的交叉创新。

3. 应对复杂问题的能力

跨学科融合培养的专业人才更具备应对复杂问题的能力。信息技术与其他学科的融合使得专业人才能够处理更为综合、跨领域的问题，提高了其解决实际问题的能力。

4. 提高综合素质

跨学科合作使得信息技术专业人才更全面地发展。除了技术知识，他们还需要具备其他学科的基础知识，提高了综合素质，使其更容易适应社会和行业的需求。

5. 拓宽职业发展路径

跨学科背景使得信息技术专业人才能够拓宽职业发展路径。不仅可以在纯粹的技术领域从事工作，还可以涉足医疗、环境、艺术等领域，拓展了职业发展的可能性。

二、计算机教育课程与其他学科的交叉融合

（一）背景与意义

1. 计算机科学与技术的发展趋势

随着人工智能、云计算、大数据等新兴技术的崛起，计算机科学与技术逐渐渗透到各行各业。计算机教育需要适应这一趋势，培养更具综合素养的计算机专业人才。

2. 社会对综合能力的需求

传统计算机专业人才虽然在技术方面较为突出，但社会对计算机人才的需求已经不仅仅停留在技术能力，更强调综合素养、团队协作和创新思维等跨学科能力。

3. 解决实际问题的需求

计算机技术的应用已经不再局限于计算机专业领域，而是涉及医疗、教育、艺术等多个领域。因此，计算机教育需要通过与其他学科的交叉融合，使学生能够更好地解决实际问题。

（二）交叉融合的模式

1. 计算机科学与人文学科的融合

将计算机科学与人文学科如语言学、文学、哲学等融合，培养具备计算思维的人文专业人才。例如，通过自然语言处理与文学创作相结合来进行智能写作的研究。

2. 计算机科学与生命科学的融合

在计算机科学与生命科学领域进行融合，培养计算机生物学家、生物信息学家等专业人才。例如，利用计算机技术进行基因组数据分析，为生物医学研究提供支持。

3. 计算机科学与社会科学的融合

将计算机科学与社会科学如经济学、社会学、心理学等融合，培养计算机专业人才更好地理解和解决社会问题。例如，利用数据分析解决社会问题，进行社会网络分析等研究。

4. 计算机科学与设计艺术的融合

在计算机科学与设计艺术领域进行融合，培养既懂技术又具有艺术设计能力的专业人才。例如，利用计算机生成艺术进行创作，进行虚拟现实艺术设计等研究。

（三）实施策略与方法

1. 跨学科课程设计与整合

设计跨学科的课程，整合计算机科学与其他学科的知识。通过项目式教学、实践性任务等方式，使学生在实际问题中运用多学科知识。

2. 导师团队建设

建设跨学科的导师团队，包括计算机科学专业教师和其他学科的专业人才。导师团队可以为学生提供跨学科的指导和支持，推动教育与研究的有机融合。

3. 实践性项目与合作

通过开展实践性项目，促使学生在真实场景中跨学科合作。与其他学科的专业人才组成团队，共同解决实际问题，培养学生的团队协作和解决复杂问题的能力。

4. 实习与产学合作

加强与企业和产业界的合作，为学生提供跨学科的实习机会。通过实际项目参与，学生可以深入了解跨学科合作的重要性，增强实际问题解决的能力。

5. 创新创业教育

引入创新创业教育元素，培养学生的创新意识和创业精神。跨学科的创新创业项目有助于培养学生的跨学科思维和实际应用能力。

（四）交叉融合的优势

1. 全面素质的培养

交叉融合培养出更具全面素质的计算机专业人才。他们不仅具备计算机科学的专业知识，还能够理解和应用其他学科的知识，提高了综合素养，使其可以更好地适应社会和行业的多样性需求。

2. 解决复杂问题的能力

交叉融合培养的计算机专业人才更擅长处理复杂问题。由于他们具备多学科知识，能够从不同角度综合分析问题，提出更全面、更有效的解决方案。

3. 促进创新与创意

跨学科的融合为计算机专业人才带来了更广泛的创新机会。与其他学科的交叉将不同领域的思维方式和创意结合，推动了计算机科学与技术的创新发展。

4. 拓宽职业发展领域

交叉融合使计算机专业人才能够拓宽职业发展领域。不仅可以在纯粹的技术领域从事工作，还可以涉足医疗、艺术、社会服务等多个领域，为职业发展带来了更多可能性。

5. 应对未来挑战

面对未来社会的挑战，交叉融合的计算机专业人才更具备适应性。他们不仅能够理解和应用新兴技术，还能够将计算机科学与其他学科的知识相结合，使其可以更好地应对未来社会的复杂问题。

计算机教育课程与其他学科的交叉融合是适应时代发展的必然趋势。这种融合不仅能够培养更具综合素养的计算机专业人才，还能够推动创新、解决实际问题，并更好地满足社会和行业的需求。在交叉融合的过程中，学生将不仅仅是技术专家，还是具备团队协作、创新思维和社会责任感的全面人才。面对未来的发展，教育机构、行业和社会应共同努力，为计算机教育与其他学科的融合提供更好的平台及支持，促使计算机专业人才更好地适应并引领未来社会的发展。

第四节　实践课程设计与工程项目实践

一、实践性课程设计的目标与意义

随着社会的发展和科技的进步，教育模式不断演变，越来越强调培养学生的实践能力。实践性课程设计作为教育中的一种重要形式，在学科知识的基础上强调实际应用，旨在让学生通过实际操作和项目经验，培养解决实际问题的能力、团队协作精神以及创新思维。本部分将深入探讨实践性课程设计的目标与意义，以及如何有效实施这样的课程。

（一）实践性课程设计的目标

1. 培养实际问题的解决能力

实践性课程设计的首要目标是培养学生的实际问题解决能力。通过面对真实场景和实际问题，学生需要运用所学知识，分析问题、提出解决方案，并将解决方案付诸实践。这样的过程可以锻炼学生在实际工作中解决问题的能力。

2. 促进跨学科综合应用

实践性课程设计鼓励学生在解决问题的过程中跨学科综合应用知识。不同学科领域的知识相互交融，学生需要整合多个学科的知识，形成更全面的解决方案。这有助于培养学生的综合素养和跨学科思维。

3. 培养团队协作精神

实践性课程设计通常以团队合作为基础，旨在培养学生的团队协作精神。学生需要在团队中共同协作、分工合作，共同完成项目。这可以培养学生在团队工作环境中沟通、协调、合作的能力。

4. 提高创新能力

通过实践性课程设计，学生不仅解决实际问题，还有机会提出创新性的解决方案。在实际操作中，学生能够思考新颖的思路、采用创新的方法，从而提高创新能力，培养创业精神。

5. 加强实践经验积累

实践性课程设计提供了学生获取实践经验的机会。通过参与真实项目，学生能够接触到实际工作中的流程、挑战和机遇，积累宝贵的实践经验，为其将来就业做好充分准备。

（二）实践性课程设计的意义

1. 贴近职业需求

实践性课程设计使学生更贴近职业需求，培养出更符合实际用工需求的专业人才。学生在项目中学到的技能和经验更加贴近实际职业情况，使他们更容易适应工作环境。

2. 提高学习积极性

与传统课堂教学相比，实践性课程设计更具有挑战性和吸引力，能够激发学生的学习兴趣和积极性。通过参与实际项目，学生更容易保持对知识的好奇心，提高学习主动性。

3. 培养解决问题的能力

实践性课程设计强调学生在真实场景中解决问题的能力。这种能力不仅对学术研究有益，也是其未来职业生涯中所需的核心素养。培养学生解决问题的能力是实践性课程设计的一项重要意义。

4. 强化理论与实践结合

实践性课程设计有助于强化理论与实践的结合。学生不仅仅可以通过课本上的理论知识学习，而且可以通过实际操作将理论知识转化为实际技能，从而更深刻地理解和掌握知识。

5. 提高就业竞争力

实践性课程设计为学生提供了更为丰富的简历内容。通过参与项目，学生可以积累实际项目经验，这对其在找工作时展示个人能力和吸引雇主非常有利，提高其就业竞争力。

6. 培养终身学习意识

实践性课程设计培养了学生的终身学习意识。在实际项目中，学生需要不断学习新知识、适应新环境，这种学习能力是未来社会变革中生存和发展的关键。

7. 促进学术与产业合作

实践性课程设计有助于学术界与产业界的合作。学生在实际项目中的表现不仅能够为学术界带来新的研究课题，同时也可以为产业界提供新的解决方案，促进学术与产业的双向合作。

（三）实践性课程设计的实施策略

1. 项目驱动的教学

采用项目驱动的教学方法，将实际项目作为学生学习的核心内容。通过项目的实施，学生能够深入理解理论知识，并在实践中不断优化和应用所学内容。

2. 导师团队建设

建设专业的导师团队，导师既包括学科专业的教师，也包括产业界的专业人士。这样的导师团队能够提供学科知识和实际经验的双重支持，使学生能够在实践中得到更全面的指导。

3. 实践基地与产业合作

与企业或实践基地建立紧密的合作关系，为学生提供真实的项目场景。通过与产业界的合作，学生能够更好地了解行业需求，提高项目的实际应用性。

4. 多元评估方法

采用多元化的评估方法，不仅注重学生的理论知识水平，还要考察其实际操作能力、团队协作能力以及解决问题的能力。通过综合评估，更全面地了解学生在实践性课程设计中的表现。

5. 灵活的课程设置

设计灵活的课程设置，使实践性课程能够更好地融入学科体系。教师可以在不同学年或不同专业中设置相关实践性课程，满足不同层次、不同专业学生的需求。

6. 学科交叉与融合

鼓励学科之间的交叉与融合，设计跨学科的实践性课程。通过将不同学科的知识融合在实际项目中，培养学生更广泛的知识面和综合能力。

7. 现代技术支持

利用现代技术支持实践性课程的设计和实施。例如，利用虚拟实验室、在线合作工具等技术手段，使学生能够在不同地点、不同时间进行实践性学习。

（四）实践性课程设计的挑战与应对策略

1. 资源投入不足

挑战：实践性课程设计可能需要更多的人力、物力和财力资源。

应对策略：寻求外部资源支持，与企业、产业界建立合作关系，争取更多支持。同时，通过提高教育机构对实践性课程设计的认可度，争取更多的内部资源投入。

2. 师资队伍建设

挑战：师资队伍需要具备实际项目经验，同时需要具备较高的学科水平。

应对策略：提供相关培训，鼓励教师参与实际项目，建立与产业界的联系，形成导师团队，共同指导学生的实践性学习。

3. 学生素质差异

挑战：学生在实践性课程中的素质差异较大，可能影响项目的顺利进行。

应对策略：设计多层次的项目任务，允许学生根据自身水平选择不同难度的项目。同时，通过团队合作，发挥学生优势，共同完成项目。

4. 评估难度较大

挑战：传统的评估方法可能不适用于实践性课程设计。

应对策略：采用多元化的评估方法，包括项目报告、展示、同行评价等，综合考查学生在项目中的表现。同时，注重过程性评估，关注学生在项目中的成长过程。

5. 课程内容更新迭代

挑战：行业和技术的快速发展可能导致课程内容过时。

应对策略：建立与行业的持续合作机制，定期进行课程内容的更新和迭代。引入新兴技术、产业趋势等内容，确保实践性课程与行业保持同步。

实践性课程设计在当今教育中占据着重要的地位，其目标与意义不仅体现在培养学生实际问题解决能力、团队协作精神和创新能力等方面，还体现在提高学生学习积极性、培养学生终身学习意识和促进学术与产业合作等多个层面。有效实施实践性课程设计需要采取一系列策略，包括项目驱动的教学、导师团队建设、实践基地与产业合作等。面对挑战，教育机构需要投入更多资源，建设更强大的师资队伍，灵活设置课程内容，并采用多元评估方法。未来，实践性课程设计有望朝着个性化学习路径、全球合作与资源共享、深度融合新兴技术等方向发展，为学生提供更具前瞻性和实用性的教育体验。

二、工程项目实践的设计与管理

工程项目实践是工程教育中的重要组成部分，它通过将理论知识应用于实际工程问题，培养学生的实际操作能力、团队协作精神和问题解决能力。

工程项目实践的设计与管理直接影响着学生的学习效果和培养目标的实现。本部分将深入探讨工程项目实践的设计与管理，包括项目设计、团队管理、资源分配、评估体系等方面。

（一）工程项目实践的设计

1. 项目选题与设计

工程项目实践的设计首先涉及项目选题与设计。选择适当的项目主题对于学生的专业发展和实际操作能力的培养至关重要。项目设计要考虑到学科的综合性，注重理论与实践的结合，以确保学生能够在实际操作中应用所学知识。

2. 项目目标明确与可测量性

工程项目实践的设计需要明确项目的学习目标，并确保这些目标是可测量的。明确的项目目标有助于学生更好地理解实践任务，同时便于后续的评估和反馈。

3. 团队构建与组织结构

在设计阶段，需要考虑如何构建和组织项目团队。团队成员的角色分工、沟通方式、领导结构等都需要在设计阶段确定。一个协调有序的团队结构是工程项目成功实施的基础。

4. 项目周期与阶段划分

工程项目的设计要充分考虑项目的周期和阶段，确保项目在有限的时间内能够完成既定目标。合理的阶段划分有助于项目的顺利推进，使学生在每个阶段都能够有明确的任务和目标。

5. 实践与理论的融合

在设计工程项目实践时，需要注重实践与理论的融合。项目任务既要体现实际工程问题，又要与学科理论知识相结合，使学生能够将所学知识应用到实际中去，达到理论联系实际的目的。

（二）工程项目实践的管理

1. 团队管理与领导力培养

在工程项目实践中，团队管理是关键的一环。项目经理需要培养领导力，通过激发团队成员的潜力，使团队更加高效地协作。良好的团队管理有助于项目的成功实施。

2. 资源分配与优化

合理的资源分配是工程项目实践管理的重要内容。包括人力资源、物质资源、时间资源等的科学分配，以及在项目推进过程中的实时优化，确保项目能够在有限的资源条件下取得最大的效益。

3. 风险管理与问题解决

工程项目实践的管理需要预见并妥善处理各种风险。这包括技术风险、人员变动、资金不足等各方面的潜在问题。通过建立风险管理机制，能够在问题发生前进行预测和应对。

4. 沟通与协调

沟通是团队协作的重要环节，尤其在工程项目实践中更是不可或缺。项目经理需要建立有效的沟通渠道，保持团队成员之间的信息畅通，及时解决沟通中可能出现的问题。

5. 进度监控与反馈机制

工程项目实践的管理需要建立有效的进度监控与反馈机制。通过设定明确的项目进度计划，实时监控项目的推进情况。同时，建立反馈机制，及时了解团队成员的意见和建议，以便及时调整项目方向和解决问题。

6. 技术支持与培训

在工程项目实践的管理中，提供必要的技术支持和培训是至关重要的。这包括为团队成员提供所需的技术工具、设备，以及培训课程，确保团队在项目中能够熟练运用相关技术。

7. 文档管理与知识积累

精心设计的工程项目实践管理应该注重文档管理与知识积累。建立健全的文档管理系统，记录项目的各个阶段、决策过程、技术方案等重要信息，以便后续项目的参考和知识的传承。

8. 评估体系与学习反思

工程项目实践的管理需要建立科学的评估体系。通过定期的项目评估，可以全面了解项目的实施情况，及时发现问题并采取措施。同时，鼓励团队成员进行学习反思，总结经验，为其未来的项目提供经验借鉴。

（三）工程项目实践的挑战与应对策略

1. 团队协作难题

挑战：团队协作可能受到沟通障碍、角色分工不明确等问题的影响。

应对策略：强调团队建设，建立有效的沟通机制，明确团队成员的职责和角色，培养良好的团队氛围。

2. 资源有限与分散

挑战：项目可能面临资源有限和分散的情况，包括人员、设备等方面。

应对策略：在项目开始前进行资源评估，合理规划资源分配。与其他项目协同，共享资源，降低分散性对项目的影响。

3. 技术风险和不确定性

挑战：技术上的风险和不确定性可能影响项目的进展。

应对策略：提前进行技术评估，寻求专业领域内的技术支持。建立技术创新机制，鼓励团队成员提出新颖的解决方案。

4. 时间压力与进度掌控

挑战：时间压力可能导致项目进度不可控。

应对策略：制订合理的时间计划，确保项目分阶段推进。引入项目管理工具，及时调整计划，确保项目能够按时完成。

5. 团队成员个体差异

挑战：团队成员个体差异可能引发合作问题。

应对策略：注重团队成员的多样性，合理分工，根据个体差异激发每位成员的潜力。建立有效的沟通和协调机制，解决个体差异可能带来的问题。

（四）工程项目实践的未来展望

1. 技术创新与跨学科融合

未来工程项目实践将更加注重技术创新和跨学科融合。随着新技术的不断涌现，工程项目将更多地融合多学科知识，推动工程领域的跨学科发展。

2. 数字化工程项目管理

随着信息技术的飞速发展，未来工程项目管理将更加数字化。包括项目计划的数字化、沟通协作的在线化、资源分配的智能化等，以提高工程项目管理的效率和精确度。

3. 全球合作与资源共享

未来工程项目实践有望更加注重全球合作与资源共享。通过跨国合作，学生能够参与更具挑战性和国际化的工程项目，拓宽视野，提升全球竞争力。

4. 社会责任与可持续发展

工程项目实践将更加强调社会责任感和可持续发展。项目设计将更加关注解决社会问题、促进可持续发展，培养学生具备社会责任感的工程专业人才。

5. 人才培养与终身学习

未来工程项目实践将更加注重人才培养和终身学习。项目管理中将更多引入终身学习的理念，帮助学生在实践中不断提升自己，适应不断变化的工程领域。

工程项目实践的设计与管理是工程教育中的关键环节，它直接影响着学生的实际操作能力和团队协作精神的培养。在项目设计和管理中，需充分考虑项目选题、明确项目目标、构建团队、融合实践与理论等因素。管理阶段需要注重团队协作、资源分配、风险管理、沟通与协调等方面。面对挑战，需要灵活应对团队协作问题、资源有限与分散、技术风险、时间压力等，并通过科学的评估体系和学习反思机制不断提升项目管理水平。

未来工程项目实践有望朝向技术创新、数字化管理、全球合作、社会责任与可持续发展、人才培养与终身学习等方向发展。数字化工程项目管理将成为趋势，为学生提供更具挑战性的国际化项目和更有社会责任感的实践机会。在这个过程中，工程项目实践将继续发挥重要作用，培养学生全面发展的素质，使其能够更好地适应未来复杂多变的工程环境。

三、实践课程与职业发展的关系

实践课程作为高等教育的重要组成部分，旨在通过将理论知识与实际操作相结合，为学生提供更贴近职业需求的培养。实践课程与职业发展之间存在密切的关系，对学生在职场中取得成功起着关键的作用。本部分将深入探讨实践课程与职业发展之间的紧密联系，包括实践课程的定义、实践课程对职业发展的重要性、实践课程在不同专业领域的应用、实践课程与雇主需求的匹配等方面。

（一）实践课程的定义与特点

1. 实践课程的定义

实践课程是指通过模拟实际工作场景、项目任务或实地实习等形式，使学生在课堂中获取实际操作经验、解决问题的能力，并将理论知识应用于实际工作中的一类课程。这类课程强调学以致用，注重培养学生的实际技能和职业素养。

2. 实践课程的特点

学科融合：实践课程通常涵盖多学科知识，使学生能够在实际问题中运用跨学科的知识。

团队合作：实践课程强调团队协作，培养学生在团队中合作、沟通和解决问题的能力。

反馈机制：实践课程常设有实时的反馈机制，帮助学生不断调整和优化实际操作，促使其在实践中不断进步。

实际场景：通过模拟实际场景或提供实地实习机会，使学生更好地了解和适应真实职业环境。

（二）实践课程对职业发展的重要性

1. 提升实际操作技能

实践课程是学生接触实际操作的平台，通过在真实场景中的实际操作，学生能够提升并应用专业技能。这种实践经验对学生职业发展至关重要，因为雇主更倾向于招聘具备实际操作能力的毕业生。

2. 培养解决问题的能力

实践课程强调解决实际问题的能力，培养学生独立思考和解决问题的能力。这对学生在职场中遇到的复杂问题的解决至关重要，能够使毕业生更好地适应职业挑战。

3. 锤炼团队协作技能

在实践课程中，学生通常需要与同学一起合作完成项目任务。这种团队协作经验培养了学生在职场中与同事协作、共同完成项目的能力，是职业发展中不可或缺的一部分。

4. 建立职业网络

通过实践课程，学生有机会与同学、教师、行业专业人士建立联系。这种建立在实践中的职业网络为毕业生提供了更广泛的职业资源和机会，有助于更顺利地进入职场。

5. 增强职业素养

实践课程不仅仅注重专业知识的传授，还注重培养学生的职业素养。这包括沟通能力、团队合作精神、项目管理能力等，这些素养是职场中成功的关键。

（三）不同专业领域中实践课程的应用

1. 工程与技术领域

在工程与技术领域，实践课程往往包括实验课、工程设计、项目管理等。学生通过实际操作，掌握专业工具和技术，培养问题解决的能力。这对于工程师和技术人员的职业发展至关重要。

2. 商业与管理领域

商业与管理领域的实践课程主要包括实战模拟、商业计划编制、团队项目等。学生在实践中学习商业运作、团队管理等技能，为将来从事管理、市场营销等职业提供基础。

3. 医学与卫生领域

在医学与卫生领域，实践课程涵盖实地实习、临床操作等。通过参与真实的医疗工作，学生能够熟悉临床操作、医学实践，为成为合格的医疗从业者奠定基础。

4. 艺术与设计领域

艺术与设计领域的实践课程主要包括实际创作、设计项目等。学生通过参与实际的艺术创作和设计活动，提升创意能力、审美观念，为未来从事艺术、设计相关职业打下基础。

5. 教育与心理学领域

在教育与心理学领域，实践课程包括实习、教育案例分析等。通过亲身参与教学和心理咨询工作，学生能够在实践中培养教育和心理服务的技能，为日后成为教育工作者或心理专业人士奠定基础。

（四）实践课程与雇主需求的匹配

1. 技能需求

实践课程通过实际操作，使学生能够掌握并应用实际工作中所需的专业技能。这符合雇主对招聘员工时对其具备实际操作经验和专业技能的需求。

2. 团队合作与沟通能力

实践课程中的团队项目和合作经验培养了学生的团队合作和沟通能力，这是雇主在职场中普遍看重的素质。具备良好的团队协作和沟通技能的员工更容易适应团队工作环境。

3. 解决问题的能力

雇主普遍期望员工具备解决问题的能力。通过实践课程培养的问题解决能力，使学生在职场中更具竞争力，能够独立面对和解决各种挑战。

4. 职业素养和适应力

实践课程旨在培养学生的职业素养，包括职业态度、职业道德、适应力等。这些素养使学生更容易融入职场，胜任职业要求。

5. 职业网络

通过实践课程建立的职业网络为学生提供了与行业专业人士、导师、同学等建立联系的机会。这种职业网络不仅对职场求职时的资源获取有帮助，也对职业发展中的导师关系、同行交流等方面具有积极作用。

实践课程与职业发展之间存在密切的关系。通过提供实际操作经验、培养解决问题的能力、锤炼团队协作技能、建立职业网络等方面，实践课程为学生的职业发展提供了有力的支持。未来，实践课程将更加数字化、全球化，注重终身学习和社会责任感，以适应不断变化的职业环境，为学生创造更多的职业机会和发展空间。

第五节　信息技术行业需求与课程调整

一、信息技术行业发展趋势

信息技术（IT）行业一直是全球经济中最为关键和迅猛发展的领域之一。

随着数字化时代的深入，信息技术的应用范围不断扩大，对各行各业产生深远的影响。本部分将深入探讨信息技术行业的发展趋势，包括人工智能、物联网、云计算、大数据、区块链等方面的创新与应用，以及信息技术行业在全球经济和社会中的角色和影响。

（一）人工智能的崛起与发展

1. 机器学习与深度学习

机器学习和深度学习是人工智能领域的关键技术。通过大量数据的训练，机器学习算法能够自动学习和改进，而深度学习则是一种模拟人脑神经网络结构的技术。未来，这些技术将在语音识别、图像识别、自然语言处理等方面实现更高水平的性能。

2. 智能机器人与自动化

人工智能的应用不仅体现在软件层面，还涉及硬件领域，即智能机器人。自动化技术将推动生产和服务行业的智能化转型，从制造业到物流、医疗等领域都将出现更多的智能机器人应用。

3. 边缘计算与人工智能融合

随着物联网设备的普及，边缘计算将与人工智能相结合，实现更为智能和高效的数据处理。这使得在边缘设备上进行实时的数据分析和决策成为可能，从而降低对于中心数据中心的依赖。

（二）物联网的普及与应用

1. 智能家居与城市

物联网在智能家居和城市管理中发挥着关键作用。通过连接各种设备，如家电、传感器、摄像头等，实现设备之间的数据共享和智能化控制，提升生活和城市管理的效率。

2. 工业物联网与智能制造

工业物联网将传感器和设备连接到工厂网络中，实现生产过程的数字化监控和控制。智能制造通过优化生产流程、提高设备利用率，使制造业更加灵活和高效。

3. 农业物联网的发展

农业物联网为农业领域带来了精细化管理和智能化农业的可能。传感器、监控设备和自动化系统的应用提高了农业生产效率，同时减少了资源浪费。

（三）云计算的演进与应用

1. 多云架构的兴起

传统的云计算正在向多云架构演变，企业不再依赖于单一的云服务提供商，而是通过结合多个云平台来满足各种需求。这有助于降低依赖风险，并提供更灵活的服务。

2. 边缘计算与云协同

边缘计算与云计算的协同将成为未来的趋势。边缘计算解决了数据实时性的需求，而云计算则提供了强大的存储和计算能力。两者结合，可以满足各种场景下的数据处理需求。

3. 混合云与跨云管理

混合云将企业的私有云和公有云资源整合在一起，形成一个统一的、可管理的云计算环境。跨云管理技术允许企业在不同的云服务提供商之间灵活迁移和管理工作负载，提供了更大的灵活性和可扩展性。

（四）大数据的应用与挑战

1. 数据驱动决策

大数据分析为企业提供了更全面、实时的数据视图，帮助决策者更好地理解市场趋势、用户行为等，从而做出更明智的战略决策。

2. 人工智能与大数据融合

人工智能和大数据相互促进，大数据为机器学习和深度学习提供了大量的训练数据，而人工智能则提供了更智能的数据分析和模型应用。

3. 隐私和安全挑战

随着大数据的不断增长，隐私和安全问题日益凸显。在大数据应用中，确保数据的安全性和隐私保护变得尤为重要，需要综合使用加密技术、权限控制等手段来应对挑战。

（五）区块链技术的崭新应用

1. 数字货币与加密资产

区块链技术催生了数字货币，如比特币，以及各种加密资产。这些数字资产的出现改变了传统金融体系，区块链的去中心化和不可篡改性为数字资产提供了更安全、透明的交易环境。

2. 智能合约的发展

智能合约是区块链上的自动执行合约，无需中介。它的发展使得合同执行更加高效、透明，并有望在金融、法律等领域产生深远影响。

3. 供应链和物流的改革

区块链技术为供应链和物流领域带来了改革。通过区块链的透明性和可追溯性，企业可以更好地管理和优化供应链，减少信息不对称和欺诈。

（六）网络安全的挑战与应对

1. 人工智能在网络安全中的应用

人工智能技术在网络安全中的应用将会进一步增强攻击检测、入侵防御等方面的能力。机器学习算法能够分析大量的网络流量数据，识别异常行为，提升网络安全防护水平。

2. 边缘安全的重要性

随着边缘计算的兴起，边缘设备成为网络攻击的潜在目标。强调边缘安全将成为网络安全的重要方向，保护边缘设备和边缘计算网络的安全。

3. 区块链技术在网络安全中的应用

区块链技术的不可篡改性和去中心化特性为网络安全提供了新的解决方案。在身份验证、数据传输、智能合约等方面的应用，有望提高网络安全的可信度和可靠性。

（七）全球化与科技创新合作

1. 全球技术创新合作

信息技术行业在全球范围内呈现出高度的互联互通。科技公司在全球范围内合作，共同推动新技术的研发和创新。

2. 数字化人才的国际流动

信息技术行业对高素质的数字化人才需求巨大，国际人才流动将更加频繁，有助于技术创新和知识的跨界交流。国际化的人才流动有助于打破地域界限，促进全球信息技术行业的繁荣发展。

3. 跨国公司的全球化运营

大型科技公司越来越倾向全球化运营，通过设立研发中心、办事处和合作伙伴关系，以更好地适应不同国家和地区的市场需求。这种全球化的运营模式有助于加速技术在全球范围内的传播和推广。

信息技术行业作为推动社会进步的引擎之一，其发展趋势呈现出多元化和复杂性。人工智能、物联网、云计算、大数据、区块链等新技术的不断涌现和应用将极大地影响全球经济和社会格局。然而，伴随着科技创新的机遇，也面临着诸多挑战，如安全与隐私问题、数字鸿沟、技术伦理与社会责任等。在未来，信息技术行业需要保持创新活力，注重可持续发展和社会责任，同时着力解决人才短缺等制约因素，为构建数字化、智能化的未来社会做出贡献。

二、信息技术行业需求对课程的影响

随着信息技术的迅猛发展，信息技术行业的需求日益增长。从人工智能、物联网到大数据和区块链，不断涌现的新技术为行业带来了挑战和机遇。这种变革对教育领域提出了新的要求，使得课程设计必须紧跟行业需求的步伐，以培养适应未来信息技术行业的人才。本部分将探讨信息技术行业需求对课程设计的影响，涵盖技术技能、综合素养、实践能力等方面。

（一）技术技能的要求与课程设计

1. 编程与软件开发

信息技术行业对编程和软件开发的需求十分迫切。为满足这一需求，课程设计应当注重培养学生的编程能力，包括但不限于常见编程语言（如 Python、Java、C++ 等）的学习和应用，掌握软件开发的基本流程和方法。

2. 人工智能与机器学习

人工智能和机器学习是当前信息技术行业的热门方向。课程应该包括人工智能基础知识、机器学习算法的原理和实践，使学生能够理解和应用在自然语言处理、计算机视觉等领域的相关技术。

3. 物联网技术与应用

随着物联网技术的普及，企业对物联网方面的专业人才需求逐渐增加。课程应当涵盖传感器技术、嵌入式系统开发、物联网安全等内容，培养学生对物联网系统的设计和实施能力。

4. 大数据处理与分析

大数据已成为信息技术领域的重要组成部分。相关课程应着重培养学生的大数据处理和分析技能，包括数据采集、清洗、存储，以及数据分析工具和算法的使用。

5. 区块链技术与应用

区块链是近年来崭新的技术领域，对安全和可信的数据交换提出了新的解决方案。相关课程应当涵盖区块链的基础概念、智能合约的编写和区块链应用的开发等方面。

（二）综合素养与跨学科能力的培养

1. 团队协作与沟通能力

信息技术行业强调团队协作，因此课程设计应该注重培养学生的团队协作和沟通技能。项目式学习、团队项目等方式能够帮助学生提高在团队中协作的经验和能力。

2. 创新思维与问题解决

行业需要具备创新思维和解决问题的能力的人才。课程设计可以通过实际案例分析、项目驱动等方式，培养学生对问题的敏感性和解决问题的能力。

3. 跨学科的学科知识

信息技术行业通常需要综合应用多学科知识。课程设计应该鼓励学生跨学科学习，结合计算机科学、数学、工程学、商业等多个领域的知识，形成更为综合的专业素养。

4. 创业意识与商业理解

信息技术行业不仅需要技术专业人才，还需要具备创业意识和商业理解的人才。相关课程可以引入创业课程、商业模型设计等内容，培养学生的商业敏感性。

（三）实践能力的培养

1. 项目实践与实习机会

信息技术行业更加注重实践经验。课程设计应包括项目实践和实习机会，使学生能够在实际项目中应用所学知识，增加实践经验。

2. 模拟实验和实际操作

通过模拟实验和实际操作，学生能够更好地理解理论知识并掌握实际操作技能。课程设计可以融入实际场景的模拟和实验，提升学生的实际操作能力。

3. 行业导师和企业合作

与行业导师和企业进行合作，引入实际案例和项目，帮助学生更好地了解行业实际需求，提升解决实际问题的能力。

（四）持续学习与职业发展规划

1. 终身学习理念的灌输

信息技术行业快速变化，要求从业者具备终身学习的意识。课程设计应该引导学生形成终身学习的理念，培养他们在毕业后能够持续学习、适应行业的能力。

2. 职业发展规划与辅导

课程设计不仅要提供技术知识，还应该包括职业发展规划和辅导。引入职业规划课程、职业导师等资源，帮助学生明确个人发展方向、了解行业趋势，为其未来职业生涯做好准备。

3. 行业认证和培训机会

信息技术行业通常有各种各样的行业认证，这些认证对提升学生的职业竞争力非常重要。课程设计可以融入相关的认证准备内容，提供培训机会，帮助学生更好地获得行业认可。

（五）个性化学习与自主发展

1. 项目选修和个性化方向

为了满足学生不同的兴趣和发展方向，课程设计可以提供丰富的项目选修和个性化方向。学生可以根据个人兴趣选择特定领域的深度学习，从而更好地发展个性化的技能。

2. 自主学习和研究能力

信息技术行业对自主学习和研究的要求很高。课程设计应该注重培养学生的自主学习能力，引导他们主动探索新技术、深入研究感兴趣的领域。

3. 实际问题解决与创新实践

通过引入实际问题解决和创新实践，课程设计可以激发学生的创造力和解决问题的能力。鼓励学生在课程中尝试解决实际问题，提升他们的实际应用能力。

三、课程调整与行业对接的策略

信息技术行业的迅猛发展不断引领着社会的变革，对从业者提出了更高的要求。为了培养适应行业需求的人才，教育机构必须与行业保持紧密对接，及时调整课程，使之符合行业发展的趋势。本部分将探讨课程调整与行业对接的策略，包括需求分析、灵活性的课程设计、实践导向的教学以及行业合作等方面。

（一）需求分析与市场调研

1. 建立有效的反馈机制

为了更好地了解信息技术行业的需求，教育机构应建立起与行业的紧密联系。通过与企业、行业协会等建立合作关系，建立反馈机制，及时获取行业的最新动态和用人需求。

2. 开展市场调研

教育机构可以通过市场调研，深入了解当前信息技术行业的用人趋势、技术需求、人才短缺等方面的信息。调查企业用人的技能要求、新兴技术的应用状况，为课程调整提供有力支持。

3. 与行业专业人士沟通

定期与信息技术行业专业人士进行沟通，邀请行业内的专家参与课程设计的评估和建设，以确保课程内容的实用性和前瞻性。

（二）灵活性的课程设计

1. 模块化课程设计

将课程拆分为模块，使得学生能够根据自身兴趣和需求选择特定的模块进行学习。这样的设计有助于满足不同学生的需求，提高课程的灵活性。

2. 定期课程评估和更新

针对信息技术行业的快速变化，教育机构应定期进行课程评估，及时更新过时的内容，引入新兴技术和行业趋势，确保课程的时效性和实用性。

3. 项目驱动的教学

通过项目驱动的教学方式，将理论知识与实际应用相结合。学生参与真实项目，锻炼解决实际问题的能力，培养实际操作经验。

（三）实践导向的教学

1. 实习与行业实践机会

与行业建立实习和实践的合作机会，使学生能够在真实的工作环境中应用所学知识，更好地了解信息技术行业的工作流程和要求。

2. 行业导师和讲师

邀请信息技术行业的专业人士作为导师或讲师，为学生提供行业内的经验分享，引导学生更好地了解行业现状，提升实践能力。

3. 实际问题解决和创新实践

引入实际问题解决和创新实践，通过项目、竞赛等形式，激发学生的创新思维，培养他们解决实际问题的能力。

（四）行业合作与就业服务

1. 建立行业合作伙伴关系

与信息技术行业的企业建立合作伙伴关系，开展双向交流。企业可以提供实际项目、行业导师等资源，学校则为企业提供人才培养和科研合作机会。

2. 校企合作的实施

将校企合作融入课程设计和实践活动中，使学生能够更好地了解行业实际需求，提高课程的实用性和就业率。

3. 提供职业规划和就业服务

在课程中加入职业规划的内容，为学生提供职业规划和就业服务。建立就业指导中心，提供面向信息技术行业的求职辅导、实习推荐等服务。

（五）跨学科与综合素养的培养

1. 引入跨学科的课程

信息技术行业需要综合应用多学科知识。引入跨学科的课程，如与工程学、商业学等相关的课程，使学生能够更全面地理解信息技术行业的复杂性。

2. 综合素养的培养

除了技术知识，综合素养也变得越来越重要。课程设计应注重培养学生的沟通能力、团队协作能力、创新思维等综合素养，使其在职场中更具竞争力。

（六）持续学习与发展机制

1. 建立终身学习的文化

信息技术行业的快速发展要求从业者保持终身学习的态度。学校应该建立终身学习的文化氛围，鼓励学生在毕业后继续学习、追求更高的学历和技能。

2. 提供在线学习资源

针对信息技术行业的特点，建立在线学习平台，提供丰富的学习资源，使学生能够随时随地进行学习。这有助于满足学生灵活学习的需求，同时适应信息技术行业知识的不断更新。

3. 持续的职业培训和进修机会

在校友和从业者中建立校友网络，提供持续的职业培训和进修机会。通过与行业内专业机构合作，为在职人员提供更新知识的机会，促使他们不断提升自己的技能水平。

（七）教学团队的优化与提升

1. 招聘具有行业经验的教师

教学团队的素质对课程的成功实施至关重要。学校应该招聘具有丰富信息技术行业经验的教师，他们能够更好地了解行业动态，为课程的更新和调整提供有力支持。

2. 教师的继续职业发展机会

为教师提供继续职业发展的机会，包括参与行业研讨会、项目合作、实际工作经验等。这样的机会可以帮助教师保持对信息技术行业的深刻理解，提升教学水平。

3. 鼓励教师参与科研活动

鼓励教师参与信息技术领域的科研活动，推动学术研究和行业实践的结合。教师的科研成果可以直接反映在课程的质量和实用性上。

（八）评估与反馈机制的建立

1. 学生评价与反馈

设立学生评价与反馈机制，通过学生的反馈了解课程的实际效果。学生可以提供对课程内容、教学方法、实践机会等方面的建议，帮助教育机构更好地优化课程。

2. 行业专家评估

定期邀请行业专家对课程进行评估，从专业角度审视课程的合理性和时效性。这种评估有助于保持课程的与行业需求的一致性，及时进行调整。

3. 就业率和学生成功案例分析

收集并分析学生的就业率以及他们在信息技术行业的成功案例。通过了解学生的职业发展情况，可以更好地了解课程的实际效果，为课程的优化提供依据。

信息技术行业的快速发展要求教育机构不断调整课程，以培养符合行业需求的人才。通过需求分析、灵活的课程设计、实践导向的教学、行业合作等策略，可以实现课程与行业的良性对接。持续的评估和反馈机制、优化教学团队、全人教育等方面的努力，可以提高课程的实用性和适应性，使学生更好地适应信息技术行业的发展。此外，强调持续学习、全球竞争力以及信息共享和透明度等方面的策略也是推动课程调整与行业对接的重要手段。

第三章　教学资源的数字化与开发

第一节　教学资源数字化的概念与特征

一、教学资源数字化的定义

教育领域正面临数字化的浪潮，数字技术的广泛应用正在深刻地改变着传统的教学方式和学习环境。教学资源数字化作为数字化教育的一个重要方面，意味着将教育过程中的各种资源，包括教材、课程内容、教学活动等，通过数字技术进行转化和管理。本部分将深入探讨教学资源数字化的定义、意义以及数字化教育的发展趋势。

（一）教学资源数字化的定义

教学资源数字化是指利用数字技术对教育过程中所涉及的各类资源进行转化和管理的过程。这些资源包括但不限于教材、课程设计、教学活动、多媒体资料、在线学习平台等。数字化的过程包括资源的数字化采集、存储、处理、传播和应用等环节，通过计算机技术、互联网和多媒体技术，将传统的纸质或实体形式的教育资源转化为数字化的电子形式，实现信息的数字表达、传递和应用。

数字化的教学资源不仅仅是简单地将纸质教材扫描为电子版，而且是在数字环境下重新构建、拓展和优化教育资源。这涉及文本、图像、音频、视频等多种形式的资源数字化，同时包括资源的互联互通、个性化定制、智能化应用等方面的内容。

（二）教学资源数字化的意义

1. 提升教育资源的可访问性

教学资源数字化使得教育资源可以以电子形式存储和传播，大大提升了资源的可访问性。学生可以通过互联网随时随地获取所需的教育资源，不再受制于时间和地点的限制。

2. 丰富教育资源的形式和内容

数字化的教育资源可以包括文字、图片、音频、视频等多种形式，且容易进行组合和创新。这丰富了教育资源的形式，使得教学更加生动多样，更符合不同学生的学习风格。

3. 促进个性化学习

教学资源数字化有助于实现个性化学习，通过智能化的教育平台，可以根据学生的学科水平、学习兴趣、学习风格等因素进行个性化推荐和定制。学生可以根据自身需求选择适合自己的学习资源，提高学习效果。

4. 支持在线协作学习

数字化教学资源为在线协作学习提供了便利条件。学生可以通过互联网平台进行协作学习、远程合作项目等，实现跨地域的教学合作，促进学生之间的互动和交流。

5. 提高教学效率

教学资源数字化减少了传统教学中手工劳动的繁琐过程，如翻阅纸质教材、制作幻灯片等，提高了教学的效率。教师可以更专注于教学设计、指导和反馈，从而提升整体的教学质量。

6. 实现教育数据的采集和分析

数字化的教学资源产生了大量的教育数据，包括学生的学习行为、反馈信息等。通过数据采集和分析，可以更好地了解学生的学习状况，为教学的个性化调整提供依据。

7. 适应社会数字化发展趋势

教学资源数字化是社会数字化发展的一部分，与社会的信息化、智能化发展趋势相适应。培养学生对数字技术的应用能力，有助于他们更好地适应未来社会的需求。

（三）数字化教育的发展趋势

1. 深度整合人工智能技术

人工智能技术的应用将进一步深化数字化教育。通过人工智能算法，可以更精准地进行学生学习行为分析，为个性化学习提供更准确的推荐和辅助。

2. 拓展虚拟现实（VR）和增强现实（AR）技术

VR 和 AR 技术的发展将为数字化教育提供更多可能性。学生可以通过虚拟实境体验各种学科内容，增强学习的直观感受和深度理解。

3. 推动在线教育的发展

在线教育将成为数字化教育的一个重要形式。更多的在线学习平台、远程教学工具将涌现，为学生提供更广泛的学习资源和选择空间。

4. 加强教育资源的版权保护和管理

随着数字教育资源的增多，版权保护和管理变得尤为重要。数字教育平台需要建立健全的版权管理机制，保护教育资源的知识产权，同时为教育者提供方便的使用途径。

5. 发展开放教育资源（OER）

开放教育资源是指以开放许可协议发布的教育资源，可以免费获取、使用、修改和分享。推动开放教育资源的发展有助于构建更加共享和开放的教育生态，促进全球范围内的知识共享和合作。

6. 强化教育大数据的应用

教育大数据将成为数字化教育的关键支撑。通过对大量学生数据的分析，可以更好地理解学生的学习行为和特点，为教学决策提供科学依据，促进教学过程的不断优化。

7. 提升数字素养教育

数字化教育的推进需要学生具备一定的数字素养。教育机构应加强对学生和教育从业者的数字素养培养，使其能够更熟练地运用数字技术，更好地适应数字化教育的发展。

8. 加强国际合作与交流

数字化教育是一个全球性的趋势，各国在数字化教育方面都有着丰富的经验和资源。国际合作与交流将有助于吸收全球先进经验，促进数字化教育的跨文化发展。

教学资源数字化是教育领域数字化发展的关键环节，其意义不仅在于提高教学效率和质量，而且在于满足学生个性化学习的需求，促进教育的创新和进步。教学资源数字化不仅仅是一种技术手段，更是对教育理念和模式的重要创新，为教育的可持续发展奠定了基础。

在数字化教育的未来，教育机构需要不断拓展数字教育的边界，整合各种技术手段，加强教学资源的开发和管理。这需要教育者、技术人员、政策制定者等多方合作，共同致力于构建更加开放、灵活、智能、可持续的数字化教育体系。数字化教育不仅是教育的未来，而且是社会前进的推动力，为培养具备创新力、适应力和全球视野的人才提供了新的可能。

二、数字化教学资源的主要特征

随着信息技术的飞速发展，教育领域也在逐步迈入数字化时代。数字化教学资源作为数字化教育的核心组成部分，具有一系列独有的特征，既反映了数字技术在教育中的应用，也体现了对教学质量、效率和个性化的追求。本部分将深入探讨数字化教学资源的主要特征，以便更好地理解数字化教育的发展趋势和影响。

（一）多媒体性质

数字化教学资源具有多媒体性质，是一种融合了文字、图像、音频、视频等多种形式的信息资源。相比传统的纸质教材，数字化教学资源可以更丰富、更直观地呈现知识内容。学生可以通过多媒体资源更好地理解抽象概念，提升学习的效果。这种多媒体性质有助于提高学习的趣味性，激发学生的学习兴趣。

（二）可交互性

数字化教学资源具有强大的可交互性，学生不再是被动地接受信息，而是可以通过互动操作参与到学习过程中。例如，通过点击屏幕，学生可以触发弹出式信息、链接到相关知识点的详细解释、参与在线讨论等。这种互动性有助于培养学生的主动学习意识，提高学习的参与度。

（三）个性化定制

数字化教学资源支持个性化定制，根据学生的学科水平、学习兴趣、学习风格等因素进行定制化的推荐和呈现。通过学习平台的智能推荐算法，学生可以获得更符合个体需求的学习资源，实现个性化学习路径。这有助于提高学习效果，因为不同学生在知识储备和学习方式上存在差异，个性化定制能更好地满足这些差异化需求。

（四）实时更新与动态性

数字化教学资源可以实现实时更新和动态性管理。传统的纸质教材更新较为困难，而数字化资源可以通过网络实现即时更新。教育者可以根据最新的教学理念、学科研究成果等实时更新教学资源，确保学生获取的知识信息是最新、最准确的。这种实时更新和动态性管理使得教学内容能够与社会发展和知识更新同步。

（五）可追踪性与评估性

数字化教学资源具有良好的可追踪性和评估性。通过学习平台或教育管理系统，教育者可以追踪学生的学习进度、参与度、问题解答情况等。这使得教育者能够及时了解学生的学习情况，为个性化教学提供数据支持。同时，数字化教学资源本身可以包含在线测验、作业等评估元素，方便教育者对学生的学习效果进行及时评估。

（六）全球化和开放性

数字化教学资源具有全球化和开放性的特征。通过互联网，学生可以获取来自世界各地的知识资源，突破了地域的限制。同时，开放教育资源的推广也使得一些高质量的教学资源对全球范围内的教育者和学生开放。这种全球化和开放性有助于促进全球范围内教育资源的共享和合作，推动全球教育的进步。

（七）云端存储和共享

数字化教学资源常常采用云端存储和共享的方式。这意味着学生可以通过互联网随时随地访问教学资源，而不再受制于特定的设备和地点。同时，云端存储带来了教育资源的共享和协作的可能，多个教育者可以共同编辑、更新和管理教学资源，促进资源的共建共享。

（八）创新性和实践性

数字化教学资源强调创新性和实践性。通过数字技术，可以更容易地引入创新的教学方法、教育理念和学科前沿知识。教学资源的数字化使得学生能够更直接地参与实际案例分析、模拟实验、项目实践等实践性学习，提高学生的实际运用能力。

（九）安全性和隐私性

数字化教学资源需要具备较高的安全性和隐私性。学生和教育者的个人信息、学习数据等都需要得到妥善的保护。数字教育平台需要建立健全的信息安全体系，保障用户信息的机密性和完整性。

（十）智能化和个性化学习支持

数字化教学资源越来越注重智能化和个性化的学习支持。通过引入人工智能技术，数字教育平台可以根据学生的学习数据和行为，提供智能化的学习建议、个性化的学习路径、定制化的学习计划等。这种个性化学习支持有助于满足不同学生的学科水平和学习需求，提升学习的效果和增加学习体验。

（十一）社交性和协作性

数字化教学资源倡导社交性和协作性学习。通过在线讨论、协作编辑、团队项目等方式，学生可以更方便地与同学、教育者和专家进行交流与合作。这有助于培养学生的团队合作精神、沟通能力和创新能力，促进知识的共建和共享。

数字化教学资源的主要特征涵盖了多个方面，这些特征使得教学更具创新性、灵活性、个性化和智能化。数字化教学资源的发展不仅在于技术的应用，而且在于对教育理念和教学方式的深刻变革。在未来，数字化教育将继续深化，数字化教学资源也将不断演进，为教育提供更丰富、更灵活、更智能的学习环境，促进学生全面发展。同时，我们也需要关注数字化教学资源的合理使用和管理，保障学生的隐私权和信息安全，以确保数字化教育的可持续健康发展。

三、数字化教学资源的分类与形式

数字化教学资源的快速发展为教育带来了全新的可能性。这些资源以数字形式存在，以便更好地满足学生的学习需求，并为教育者提供更灵活、创新和个性化的教学方式。本部分将深入探讨数字化教学资源的分类与形式，以更全面地了解数字化教育的多样性和丰富性。

（一）数字化教学资源的分类

数字化教学资源按照内容、形式、用途等多个角度可以进行多样的分类。以下是几种常见的分类方式。

1. 按内容分类

教科书和教材资源：包括数字版教科书、教材电子版等，是传统教学内容的数字化延伸。

多媒体教学资源：包括图像、音频、视频等形式的教学资源，用于直观、生动地呈现知识点。

在线课程和 MOOCs（大规模开放在线课程）：提供完整课程内容的数字资源，通过互联网开放给大规模学生群体学习。

开放教育资源：以开放许可协议发布的教育资源，可以免费获取、使用、修改和分享。

模拟实验和虚拟实境：通过数字技术模拟实验过程，提供虚拟实境体验，帮助学生理解科学、工程等领域的实际操作。

2. 按形式分类

文字型教学资源：包括电子书、文章、讲义等，以文字为主要表达形式。

图像型教学资源：包括图表、图像、插图等，通过视觉方式展示信息。

音频型教学资源：包括音频讲座、音乐、语音导览等，以声音为主要传播媒介。

视频型教学资源：包括教学视频、教学动画等，通过动态影像传达信息。

交互型教学资源：包括模拟实验、交互式课程、在线测验等，具有学生与资源互动的特性。

3. 按用途分类

课堂教学资源：用于辅助传统面对面教学的资源，如电子白板、教学

PPT 等。

在线学习平台：提供在线学习环境，包括学习管理系统、在线课程平台等。

个性化学习资源：通过智能算法提供个性化学习建议和资源，满足不同学生的需求。

评估和测试资源：包括在线测验、作业、模拟考试等，用于对学生进行评估和测试。

专业领域资源：面向特定学科、专业领域的深度资源，如医学、工程等领域的专业课程。

（二）数字化教学资源的形式

数字化教学资源以多种形式呈现，适应不同学科和教学场景的需要。以下是数字化教学资源的一些主要形式。

1. 电子书和电子教材

定义：电子书是指以数字形式存在的书籍，电子教材是指以数字形式存在的教学材料，包括课本、讲义等。

特点：具有多媒体性，可以包含文字、图片、链接等元素。支持在线阅读和下载，方便学生随时随地获取。

2. 多媒体教学资源

定义：包括图像、音频、视频等形式的资源，用于直观、生动地呈现知识点。

特点：通过多媒体形式，提高学生对知识点的理解。主要包括教学视频、幻灯片、图表等。

3. 在线课程和 MOOCs

定义：在线课程是指通过互联网提供的完整课程，MOOCs 是大规模开放在线课程，可免费或收费参与。

特点：提供全方位的学科内容，通过在线学习平台实现学生与教育者、其他学生的互动。

4. 虚拟实境和模拟实验

定义：通过数字技术模拟实际实验过程，提供虚拟实境体验，用于理解科学、工程等领域的实际操作。

特点：具有安全性、可重复性，为学生提供更多实践机会，尤其适用于无法进行实际实验的场景。

5. 开放教育资源

定义：以开放许可协议发布的教育资源，可以免费获取、使用、修改和分享。

特点：促进全球范围内的知识共享和合作，具有高度的开放性和灵活性。

6. 交互式教学资源

定义：包括模拟实验、交互式课程、在线测验等，具有学生与资源互动的特性。

特点：提供学生参与式学习体验，增强学习的趣味性和深度，有助于培养学生的主动学习意识。

7. 个性化学习资源

定义：通过智能算法提供个性化学习建议和资源，根据学生的学科水平、学习兴趣等定制化推荐。

特点：能够满足不同学生的学习需求，提升学习效果，是数字化教育个性化发展的关键形式。

数字化教学资源的形式和分类多种多样，涵盖教育的各个方面，适应不同学科、年龄组别和教学场景的需求。教育者和学生可以根据具体情况选择适合的数字化教学资源，充分利用这些资源提升学习效果、促进教学创新。随着技术的不断发展，数字化教学资源的形式和分类也将继续演变，为教育领域带来更多的可能性。

第二节　开放式教育资源的获取与利用

一、开放教育资源的来源与形式

开放教育资源是指通过开放的许可协议，以数字形式发布、免费获取、使用、修改和分享的教育资源。这一概念的兴起标志着教育领域的深刻变革，为学生、教育者和整个社会提供了更广泛、更灵活的学习资源。本部分将深入探讨开放教育资源的来源与形式，以了解其背后的理念、实践和影响。

（一）开放教育资源的来源

开放教育资源的产生涉及多个层面，包括教育机构、个体教育者、专业组织、政府机构以及国际组织等。以下是一些主要的开放教育资源的来源。

1. 教育机构

教育机构是开放教育资源的主要创造者之一。大学、学院、学校等教育机构通过数字技术，将教学内容、讲座录音、教材等资源进行数字化，然后以开放的方式发布。这些机构中的教育者也可以通过在线平台分享自己的教学资源，从而为其他教育者和学生提供学习资料。

2. 个体教育者

个体教育者在开放教育资源的创建中发挥着关键作用。教育者可以通过个人博客、社交媒体、专业网站等平台分享自己制作的教材、课程设计、教学视频等资源。这些个体教育者的贡献丰富了开放教育资源的多样性，为教育领域注入了更多创新和实践经验。

3. 专业组织

专业组织在开放教育资源的创建、整合和推广方面发挥着协调和引领作用。一些教育领域的专业协会、研究机构、教育基金会等组织会通过项目资助、合作倡议等方式促进开放教育资源的生成。它们可以发挥资源整合的优势，将各方的力量有效整合，推动开放教育资源的发展。

4. 政府机构

一些政府机构在积极推动开放教育资源的发展。通过资助项目、发布政策支持等手段，政府可以鼓励教育机构和教育者参与开放教育资源的创建和分享。政府在这一过程中扮演监管者和推动者的双重角色，助力开放教育资源的形成。

5. 国际组织

国际组织在全球范围内推动开放教育资源的发展。例如，联合国教科文组织通过其全球开放教育资源联盟，鼓励各国加强对开放教育资源的支持和合作。这种跨国的努力有助于促进知识的国际共享和合作。

6. 开放教育平台

专门的开放教育平台是开放教育资源的重要来源。这些平台提供在线学习和资源分享的环境，如 Coursera、edX、Khan Academy 等。通过这些平台，教育者可以将他们的课程、教材上传至平台，学生则可以免费或付费获取这些资源。

7. 社群合作

开放教育资源的创建和分享常常涉及教育社群的合作。教育者、学生、技术人员等在共同的平台上形成社群，通过协作、讨论、互相支持等方式共同创建、分享和改进教育资源。这种社群协作的形式有助于资源的共建和共享。

（二）开放教育资源的形式

开放教育资源的形式丰富多样，涵盖了多媒体、文本、交互式内容等多种类型。以下是一些主要的开放教育资源的形式。

1. 数字化教材和教科书

数字化教材和教科书是最基本的开放教育资源形式之一。它们以电子书的形式存在，涵盖了各个学科领域的教学内容。学生可以通过在线平台免费或付费获取这些数字化教材，同时教育者可以根据需要自行修改和定制。

2. 教学视频

教学视频是一种极具视觉效果的开放教育资源。教育者可以录制讲座、演示实验、解释知识点等，并将视频分享到在线平台上。学生可以通过观看这些视频来深入理解复杂的概念，提升学习效果。

3. 在线课程和 MOOCs

在线课程和 MOOCs 是由教育机构或个体教育者制作的完整课程。这些课程通常包括教学视频、在线讨论、作业和测验等多个学习组件，为学生提供了全面的学习体验。MOOCs 更是大规模开放在线课程，通过全球性的平台，使得数以千计、数以万计的学生可以同时参与学习。

4. 交互式教学资源

交互式教学资源包括模拟实验、虚拟实境、在线测验等，能够提供更加互动和参与性的学习体验。模拟实验和虚拟实境能够模拟实际实验的情境，使学生能够在虚拟环境中进行实践性的学习。在线测验则可以用于对学生学习效果的评估。

5. 开放教育平台

开放教育平台是提供开放教育资源的在线平台，这些平台汇集了来自不同教育机构和教育者的开放资源。学生可以在这些平台上搜索、浏览并免费获取丰富的教学资源。同时，这些平台也提供了诸如讨论区、社交功能等，促进学生之间的互动和合作。

6. 开放教育社区

开放教育社区是由教育者和学生组成的在线社群，旨在共享和讨论开放教育资源。这些社区提供了一个讨论问题、分享经验、互相支持的平台，促进了开放教育资源的共同创造和进步。

7. 开放数据

开放数据是指一些教育相关的数据集，这些数据可以用于教学研究、数据分析等方面。开放数据的共享有助于促进教育研究的发展，同时为开发教育技术和工具提供了基础数据。

8. 开放许可协议

开放许可协议是开放教育资源的重要特征之一，它为资源的使用者提供了一定的自由度。常见的开放许可协议包括知识共享许可协议，它们定义了资源可以被如何使用、修改和分享。

9. 开放式教育软件

开放式教育软件是指以开源许可发布的教育相关软件。这些软件可以包括学习管理系统、虚拟实验平台、在线测验工具等，为教育者和学生提供了更多自主选择的机会。

10. 开放教育资源库

开放教育资源库是专门收集和组织开放教育资源的平台。这些库可以由政府、教育机构、非营利组织等创建和维护，为学生和教育者提供了一个集中获取资源的地方。

11. 开放式教育研究

开放式教育研究包括对开放教育资源的使用、效果和社会影响等方面的研究。这类研究有助于深入了解开放教育资源的潜在影响和发展方向。

12. 政策和倡导组织

政府、国际组织、非政府组织等在推动开放教育资源方面发挥了重要作用。它们通过制定政策、提供支持、组织倡导活动等方式，推动教育领域的开放化发展。

13. 开放式在线学位和学分

一些高等教育机构和在线教育平台提供开放式的在线学位和学分。学生可以通过参与这些课程，获得正式的学位或学分，为学习者提供了更加灵活的学习机会。

14. 全球合作项目

一些全球性的合作项目也是开放教育资源的来源之一。这些项目涉及多个国家和地区的教育机构和组织，通过协作方式共同创建和分享资源。

15. 开放式学术期刊和出版物

开放式学术期刊和出版物以开放获取的方式发布学术研究成果，为教育研究和实践提供了开放的信息资源。

16. 社交媒体和在线协作平台

社交媒体和在线协作平台提供了一个广泛的交流和分享平台，教育者和学生可以通过这些平台共享教学资源、交流经验、参与讨论。

开放教育资源的来源十分多元，包括教育机构、个体教育者、专业组织、政府机构、国际组织、开放教育平台、开放教育社区等多方面的参与。这种多元性不仅丰富了资源的类型和内容，也为学习者提供了更多元化、个性化的学习机会。开放教育资源的形式也多种多样，涵盖了数字化教材、教学视频、在线课程、交互式教学资源等多种类型，为学生提供了更灵活、更富有创意的学习体验。通过开放教育资源，教育者和学生可以跨越地域、机构和文化的限制，共享知识、促进创新，推动教育的开放性和包容性发展。

二、利用开放教育资源的方法与技巧

随着信息技术的飞速发展，开放教育资源成为现代教育领域的一大亮点。开放教育资源是指通过互联网等渠道免费或低成本获取的教育资源，包括教材、课程、视频、演示文稿等。这些资源的开放性为学习者提供了更加灵活和多样化的学习选择，同时为教育者提供了更广泛的传播途径。本部分将探讨利用开放教育资源的方法与技巧，以促进教育的创新和提高学习效果。

（一）开放教育资源的特点

在深入探讨利用方法与技巧之前，首先需要了解开放教育资源的一些基本特点。这些特点直接影响着我们在教学和学习中如何更好地利用这些资源。

1. 开放性

开放教育资源是免费或低成本提供给大众使用的，这种开放性使得任何人都可以轻松获取到教育资源，消除了传统教育中的地域和社会经济差异。

2. 多样性

开放教育资源种类繁多，包括文字、图片、音频、视频等形式，涵盖了各个学科领域。这种多样性为学习者提供了更灵活的学习选择，适应了不同学习风格和需求。

3. 共享性

开放教育资源注重共享和合作，教育者和学习者可以相互交流、分享资源和经验，形成更为开放和包容的学习社区。

（二）利用开放教育资源的方法

1. 在线学习平台

利用在线学习平台是获取开放教育资源的一种直接途径。诸如 Coursera、edX、Khan Academy 等平台提供了丰富的在线课程和学习资源，学习者可以根据自己的兴趣和需求选择适合的课程，随时随地进行学习。

2. 开放课程 ware

许多知名大学和机构推出的开放课程 ware 是丰富的开放教育资源。这些课程 ware 往往包含了教材、视频讲座、作业等多种资源，学习者可以根据自己的学科需求有选择地进行学习。

3. 社交媒体和教育社区

通过社交媒体平台和在线教育社区，学习者和教育者可以共享各种教育资源，包括学习心得、教学经验、优秀教材等。这种交流与分享的方式促进了资源的更广泛传播和应用。

4. 制订个性化学习计划

利用开放教育资源，学习者可以更灵活地制订个性化学习计划。根据自身学科需求和学习进度，选择合适的教材和课程，建立起系统而高效的学习路径。

（三）利用开放教育资源的技巧

1. 主动学习

开放教育资源注重学习者的主动参与。学习者应该保持积极的学习态度，主动搜索、筛选和应用教育资源，发挥自己的学习主体性。

2. 多媒体融合

开放教育资源的多样性为学习者提供了融合多媒体的机会。在学习过程中，可以结合文字、图像、音频和视频等多种媒体形式，提升学习效果。

3. 互动参与

积极参与社交媒体和在线教育社区，与其他学习者和教育者进行互动。通过讨论、提问和分享，扩大学习视野，获取更多的信息和资源。

4. 定期复习与总结

开放教育资源的获取容易，但学习过程中定期复习与总结同样重要。通过反复回顾所学内容，巩固知识，确保学习内容的深度和持久性。

（四）面临的挑战与解决方案

1. 质量不一

开放教育资源的质量参差不齐，学习者需要具备一定的筛选能力。建议选择知名平台和由权威机构提供的资源，以确保内容的准确性和权威性。

2. 缺乏指导

在开放教育资源的海量信息中，学习者有时会感到迷茫。为解决这一问题，建议学习者寻找合适的学习导师或参加在线学习社群，获取及时的指导和建议。

3. 技术要求

一些学习者可能面临技术使用的障碍，影响他们对开放教育资源的有效利用。为解决技术要求的问题，学习者可以通过参加基础的网络技术培训，提高自己的技术水平。同时，教育机构和平台应提供友好的用户界面和技术支持，以降低学习门槛。

（五）未来发展方向

开放教育资源的发展离不开技术创新和教育理念的演进。未来，我们可以期待朝以下方向的发展。

1. 个性化学习

利用先进的技术，如人工智能和大数据分析，实现更为个性化的学习体验。通过对学习者的学科偏好、学习进度等信息的分析，为其提供定制化的学习资源和建议。

2. 跨学科融合

促进不同学科领域之间的融合，提供更为综合和跨学科的开放教育资源。这有助于培养学习者的综合素养和跨学科思维能力。

3. 社交协作

进一步加强开放教育资源中的社交协作元素，提供更多互动和合作机会。学习者可以通过协作完成项目、参与讨论，提高团队协作和沟通能力。

4. 智能评估和认证

借助先进的技术手段，实现对学习者学习成果的智能评估和认证。这将为学习者提供更为可信的学分和证书，提高开放教育资源的认可度。

开放教育资源为教育带来了革命性的变革，为学习者提供了更加灵活和多样化的学习选择。然而，在利用这些资源的过程中，学习者需要具备主动学习的态度，善于筛选和整合信息。同时，教育机构和平台需要不断创新，提高资源的质量和可用性。通过共同的努力，开放教育资源将更好地服务于广大学习者，推动教育的不断发展。

第三节　多媒体与虚拟现实在计算机教育中的应用

一、多媒体技术在教学资源中的作用

（一）概述

随着科技的迅猛发展，多媒体技术在教学资源中的应用逐渐成为教育领域的一项重要趋势。多媒体技术以其生动、直观、互动等特点，丰富了教学资源的形式，提升了教学效果。本部分将探讨多媒体技术在教学资源中的作用，介绍其在不同学科和场景中的创新应用，并讨论其对学习者和教育者的

影响。

（二）多媒体技术的基本概念

1. 多媒体技术的定义

多媒体技术是指将文字、图形、声音、图像、视频等多种媒体元素结合起来，通过计算机等技术手段进行综合处理，形成富有表现力和互动性的信息传递方式。它可以以更生动的形式呈现知识，提供更多元化的学习体验。

2. 多媒体资源的形式

多媒体资源包括但不限于：

文字：包括电子书、教材、文档等，以文字为主要表达方式。

图形：包括图表、图片、图示等，以图形方式呈现信息。

声音：包括音频文件、语音讲解等，以声音形式传递信息。

图像：包括照片、插图、图标等，以图像方式呈现信息。

视频：包括教学视频、演示视频等，以动态影像方式传递信息。

（三）多媒体技术在不同学科中的应用

1. 数学教育

（1）交互式数学教学软件

利用多媒体技术，可以开发出交互式数学教学软件，通过图形化的界面和实时反馈，使学生更好地理解抽象的数学概念。这类软件通常包括数学绘图工具、问题解答演示、实时动画等，促使学生更主动、积极地参与数学学习。

（2）数学教学视频

数学教学视频通过图像和声音的结合，以生动直观的方式解释数学知识点，为学生提供具体的例子和问题解答。这种形式的多媒体资源有助于学生更好地理解数学公式、定理等抽象概念，提高学习效果。

2. 语言教育

（1）语言学习应用

多媒体技术在语言学习应用中起到了重要作用。语言学习应用通常包括文字、图像、声音等多种元素，通过交互式设计，帮助学生掌握新的语言知识。这些应用提供单词发音、语法解释、实景对话等功能，使学习者能够更全面地学习和练习语言。

（2）多语言字幕

在语言学习视频中，多语言字幕的应用提供了更丰富的学习体验。学生可以通过同时阅读两种语言的字幕，更好地理解并对照学习两种语言的表达方式，提高语言学习的效果。

3. 科学教育

（1）模拟实验

多媒体技术使得科学实验能够以虚拟的形式呈现。通过模拟实验，学生可以在计算机上进行安全、环保的实验操作，观察实验结果，掌握科学原理。这种形式的实验有助于学生在理论学习的基础上更好地理解实际操作和实验过程。

（2）三维动画解释

使用三维动画可以将科学概念和现象以生动的方式展示出来。例如，生物学中的细胞分裂、物理学中的力的作用等，通过三维动画可以让学生更好地理解抽象的科学概念，加深其对知识的记忆。

4. 艺术与设计教育

（1）多媒体设计工具

在艺术与设计教育中，多媒体技术为学生提供了丰富的设计工具。学生可以利用图形、图像、声音等多种媒体元素，创作出更富创意的作品。图形设计软件、音频编辑工具等成为学生发挥创造力的平台，促进了艺术教育的创新。

（2）在线美术馆与音乐学习平台

多媒体技术为学生提供了参观世界各地的美术馆和音乐学习的机会。通过在线美术馆，学生可以欣赏到世界各地的艺术作品，拓宽视野，深入了解不同文化的艺术表达。音乐学习平台则提供了丰富的音乐资源，包括音乐历史、不同流派的曲目等，使学生能够更全面地学习和欣赏音乐。

（四）多媒体技术对学习者的影响

1. 提高学习兴趣和参与度

多媒体技术以其生动、直观的特点，能够激发学习者的兴趣，使学习过程更加吸引人。交互式、视觉化的学习资源让学习者更愿意参与到学习活动中，从而提高学习的主动性和积极性。

2. 促进深层次理解

通过多媒体技术呈现的信息更加生动直观，有助于学习者更深入地理解学科知识。例如，在数学学习中，动态的图表和实例可以帮助学生更清晰地理解抽象的数学概念。在语言学习中，多媒体资源使得学习者更容易理解语法结构和语音。

3. 个性化学习

多媒体技术为学习者提供了个性化学习的机会。学习者可以根据自己的学习节奏和方式选择合适的多媒体资源，通过交互式学习工具进行实践，制定符合个体差异的学习路径，提高学习效果。

4. 提升技能和实践能力

在科学实验、艺术设计等领域，多媒体技术为学习者提供了更多实践和应用的机会。通过虚拟实验、设计工具等，学习者可以在模拟环境中进行实际操作，提升实际技能和实践能力。

（五）多媒体技术对教育者的影响

1. 丰富教学手段

多媒体技术为教育者提供了更丰富的教学手段。教育者可以通过图像、音频、视频等多种媒体元素，更生动地呈现知识，使教学内容更容易被学生理解。

2. 提升教学效果

使用多媒体技术能够提升教学效果。生动的图像和动画可以吸引学生的注意力，清晰的声音解说可以帮助学生更好地理解知识点。这些因素共同促使学生更深入地参与学习，从而提升学习效果。

3. 个性化教学

多媒体技术支持教育者更好地实施个性化教学。通过提供不同难度的学习资源、个性化的学习路径、有针对性的反馈等，教育者能够更好地满足学生不同的学习需求，提高个体学生的学习成绩。

4. 创新教学方法

多媒体技术的应用促使教育者不断创新教学方法。例如，采用虚拟实验室进行科学实验教学、利用在线学习平台进行互动性强的课堂等，这些新颖的教学方式使得教育者更具创造性，推动教育模式的不断发展。

多媒体技术在教学资源中的作用不断凸显，为学生提供了更为丰富、生动、个性化的学习体验。从数学到语言、科学、艺术等各个学科领域，多媒体技术都有着广泛的应用。然而，面临的挑战也不容忽视，包括技术设备、教师培训、资源质量等方面的问题需要共同努力解决。在未来，随着技术的不断发展和教育理念的创新，多媒体技术将继续发挥其重要作用，为教育领域带来更多创新和变革。通过持续的努力，我们有信心看到多媒体技术在教学资源中的应用不断优化，为学生和教育者提供更好的学习与教学体验。

二、虚拟现实技术在计算机教育中的实践

（一）概述

随着虚拟现实（VR）技术的飞速发展，它在计算机教育领域的应用日益受到关注。虚拟现实技术通过模拟真实或虚构的环境，为学生提供了沉浸式、交互式的学习体验。本部分将深入探讨虚拟现实技术在计算机教育中的实践，介绍其在编程学习、计算机网络、数据库等方面的应用案例，并探讨未来虚拟现实技术在计算机教育中的潜在发展方向。

（二）虚拟现实技术概述

1. 定义与特点

虚拟现实是一种通过计算机技术创建的模拟环境，使用户感觉好像身临其境。它通常包括虚拟场景、虚拟对象、用户交互等要素，具有沉浸感、交互性和真实感的特点。

2. 虚拟现实技术的主要组成部分

虚拟场景生成：利用计算机图形学技术创建虚拟环境，包括场景的设计、模型的建立等。

交互设备：包括头戴式显示器、手柄、传感器等，用于用户在虚拟环境中的交互。

实时渲染技术：使虚拟场景能够在用户眼前实时呈现，确保流畅的沉浸式体验。

（三）虚拟现实技术在计算机教育中的应用案例

1. 编程学习

（1）虚拟编程环境

虚拟现实技术为编程学习提供了全新的体验。学生可以通过虚拟编程环境，沉浸式地进行编码实践。这种环境通常模拟真实的开发场景，学生可以在虚拟现实中编写和调试代码，感受到真实编程环境中的工作流程。

（2）编程协作空间

通过虚拟现实，学生可以共同进入一个虚拟编程空间，无论身在何处，都能实时看到对方的操作，进行协同编程。这种实时协作的方式有助于培养学生的团队协作和沟通能力，提高编程项目的效率。

2. 计算机网络教育

（1）虚拟网络实验室

在计算机网络教育中，虚拟现实技术可以构建虚拟网络实验室，学生可以在虚拟环境中进行网络拓扑设计、配置路由器、模拟网络攻击等操作。这种方式不仅避免了实验室设备的限制，还提供了更安全、可控的实验环境。

（2）网络安全演练

虚拟现实技术为网络安全培训提供了更真实的模拟环境。学生可以在虚拟网络中进行模拟攻击和防御操作，提高其对网络安全威胁的识别和应对能力。这种实践性的学习方式有助于更好地培养网络安全专业的人才。

3. 数据库学习

（1）虚拟数据库管理系统

虚拟现实技术可以用于创建虚拟数据库管理系统，学生可以在虚拟环境中学习数据库设计、SQL 查询等技能。通过与虚拟数据库进行交互，学生能够更深入地理解数据库操作的过程，加强理论知识的实际应用。

（2）数据可视化与交互

在虚拟现实中，数据可以以更生动、直观的方式呈现。学生可以通过虚拟现实技术对数据库中的数据进行可视化分析，进行实时的交互操作。这种方式使学生更好地理解数据之间的关系，提高其对数据分析的技能。

（四）虚拟现实技术在计算机教育中的创新与实践

1. 激发学生学习兴趣

虚拟现实技术为学生提供了一种全新的学习方式，通过沉浸式体验，激发了学生对计算机科学的学习兴趣。学生在虚拟环境中能够更加投入学习，更容易产生对计算机领域的浓厚兴趣。

2. 提高学生实践能力

通过虚拟现实技术，学生可以在模拟的真实场景中进行实际操作，从而提高实践能力。特别是在编程学习中，学生能够在虚拟编程环境中不断进行实践，调试代码，更深入地理解编程语言的使用和项目开发的流程。这种实践性学习有助于培养学生的问题解决能力和创新思维。

3. 个性化学习体验

虚拟现实技术为个性化学习提供了更大的空间。根据学生的不同需求和水平，可以定制不同的虚拟学习场景和内容，使学生能够按照自己的学习进度进行学习。这有助于满足学生个体差异，提升学习效果。

4. 提升团队协作能力

在虚拟环境中进行协同工作和协同学习有助于培养学生的团队协作能力。特别是在编程项目中，学生可以共同进入虚拟编程空间，实时看到对方的操作，进行实时协同编程。这种团队协作方式有助于培养学生的团队精神和沟通技能。

5. 提供实验环境的安全性和可控性

在计算机网络教育等领域，虚拟现实技术提供了安全、可控的实验环境。学生可以在虚拟网络中进行各种操作，进行模拟攻击和防御实验，而不会对真实网络造成风险。这种实验环境的安全性和可控性为学生提供了更广阔的实践空间。

虚拟现实技术在计算机教育中的实践不断推动教学模式的创新，为学生提供了更为沉浸式、实践性的学习体验。尽管面临一些挑战，但随着技术的不断进步和教育理念的不断拓展，虚拟现实技术有望在未来发挥更为重要的作用，为计算机科学领域的学习者提供更为丰富、个性化的教育体验。通过共同努力克服技术、教育者培训、内容开发等方面的难题，虚拟现实技术将更好地服务于计算机教育的创新与发展。

三、多媒体与虚拟现实的融合应用

（一）概述

多媒体技术和虚拟现实技术作为当代教育领域的两大前沿技术，它们的融合应用为教学带来了前所未有的创新。多媒体技术以其生动直观的特点，丰富了教学资源的形式；虚拟现实技术通过模拟真实或虚构的环境，为学习者提供了沉浸式的学习体验。本书将深入研究多媒体与虚拟现实的融合应用，探讨其在教育领域的实践与潜力，以及未来的发展方向。

（二）多媒体与虚拟现实技术概述

1. 多媒体技术的定义和特点

多媒体技术是指将文字、图形、声音、图像、视频等多种媒体元素结合起来，通过计算机等技术手段进行综合处理，形成富有表现力和互动性的信息传递方式。其特点包括生动直观、多元素表达、丰富交互等。

2. 虚拟现实技术的定义和特点

虚拟现实技术是一种通过计算机生成的模拟环境，使用户产生身临其境的感觉。其特点主要包括沉浸感、交互性、真实感等，用户通过虚拟现实设备与虚拟环境进行实时互动。

（三）多媒体与虚拟现实的融合应用

1. 虚拟现实增强多媒体教学

（1）沉浸式学习体验

通过将多媒体资源嵌入虚拟现实环境中，学习者可以在更加沉浸、真实的场景中进行学习。例如，在历史课程中，学生可以通过虚拟现实技术参观古代城市，感受历史文化。

（2）交互式多媒体学习

结合虚拟现实的交互性，多媒体学习可以更加立体。学生可以通过手势、语音等方式与多媒体内容进行互动，提高学习的参与度和深度。

2. 多媒体增强虚拟实验

（1）虚拟实验室

将多媒体元素融入虚拟实验室中，学生可以通过虚拟现实设备进行实验操作，而无需真实实验室设备。这不仅降低了实验成本，还提供了更加安全和可控的实验环境。

（2）三维数据可视化

多媒体技术的三维数据可视化与虚拟现实的结合，使得学生能够更直观地理解和分析复杂的科学现象。例如，在物理学学科中，学生可以通过虚拟现实技术观察三维空间中的运动过程。

3. 多媒体与虚拟现实促进编程教育

（1）虚拟编程实践

结合多媒体技术，虚拟现实为编程学习提供了更具体、生动的实践场景。学生可以通过虚拟现实设备在模拟的编程环境中进行实际操作，观察代码运行效果。

（2）互动编程团队

多媒体和虚拟现实的融合为编程团队合作提供了更多可能性。团队成员可以通过虚拟现实设备共同进入编程环境，进行实时的互动和协作，促进团队协作与沟通。

4. 多媒体与虚拟现实在语言教育中的应用

（1）虚拟语言沉浸学习

结合多媒体与虚拟现实技术，语言教育得以更全面的提升。学生可以通过虚拟现实设备沉浸于不同语言环境中，感受当地文化，与虚拟环境中的角色进行语言互动，提高语言运用的实践能力。

（2）虚拟语言交流

利用虚拟现实技术，学生可以参与虚拟语言交流活动。这种模拟的语境中，学生可以与虚拟角色进行真实对话，从而在语境中更自然地学习和应用语言，提高口语表达能力。

5. 多媒体与虚拟现实在艺术教育中的创新

（1）艺术作品创作与展示

结合多媒体技术和虚拟现实，学生可以在虚拟空间中进行艺术作品创作。这种环境下，创作者既能够更自由地表达创意，也可以通过虚拟现实设备亲身体验艺术作品，拓宽了艺术创作和欣赏的方式。

（2）艺术学习体验

多媒体与虚拟现实的融合提供了更为丰富的艺术学习体验。学生可以通过虚拟现实设备走进艺术博物馆、画廊等场所，近距离欣赏名画，了解艺术家的创作过程，加深其对艺术的理解。

（四）多媒体与虚拟现实融合应用的优势

1. 提升学习体验

多媒体与虚拟现实的融合为学生提供了更为沉浸式、生动直观的学习体验。学习者可以通过虚拟现实设备更深入地体验学科内容，增强学科的感知和理解。

2. 提高学习效果

通过多媒体与虚拟现实的交互性，学生更容易参与到学科学习中，更好地理解和掌握知识点。沉浸式学习使得学生更专注于学科内容，有助于提升学习效果。

3. 促进实践能力培养

虚拟实验室、编程实践等应用场景提供了更安全、可控的实践环境，有助于培养学生的实际操作能力。学生可以在虚拟环境中进行反复实践，提高实践技能。

4. 创造更个性化的学习路径

多媒体与虚拟现实的融合为学生提供了更多个性化学习的可能性。学生可以根据自身兴趣和水平选择不同的虚拟学习场景，按照个体差异定制学习路径，提高学习的个性化和灵活性。

多媒体与虚拟现实的融合应用是教育领域的一场革命性变革，为学生提供了更为丰富、沉浸、个性化的学习体验。通过虚拟环境中的沉浸学习、实践性的虚拟实验和项目、创新的语言学习方式等，学生能够更好地理解、应用和体验知识。然而，融合应用仍然面临技术成本、教育者培训、内容质量等方面的挑战，需要多方共同努力来面对。

未来，随着技术的不断进步和社会的不断变革，多媒体与虚拟现实的融合应用有望取得更大的突破。人工智能、大数据等新兴技术的应用将进一步提升这一融合的智能化水平，创造更为智能、个性化的学习环境。同时，国际合作将促使经验和资源的更充分交流，推动多媒体与虚拟现实技术在全球范围内的普及。

综合来看，多媒体与虚拟现实的融合应用为教育带来了前所未有的机遇及挑战。通过不断创新、跨界合作，我们有信心看到这一融合应用在未来教育中发挥更为重要的作用，为学生打开更广阔的学习之门。

第四节　在线实验室与远程实践教学

一、在线实验室的设计与建设

（一）概述

随着信息技术的不断发展，教育领域也迎来了一系列变革。在线实验室作为一种创新的教学方式，为学生提供了更灵活、便捷的实验环境。本部分将深入研究在线实验室的设计与建设，探讨其在教育中的优势、应用案例以及未来的发展趋势。

（二）在线实验室的概念与特点

1. 在线实验室的定义

在线实验室是利用互联网技术，将实验设备、实验过程、数据采集等内容通过网络传输，使学生能够通过计算机终端在任何时间、任何地点进行实验操作的一种虚拟实验环境。

2. 在线实验室的特点

灵活性：学生可以根据自己的学习计划选择合适的时间进行实验操作，无需受到实验室开放时间的限制。

可远程访问：学生可以通过互联网从远程地点访问实验室，克服了地理位置的限制，实现实验的远程操作。

安全性：在线实验室可以通过虚拟环境模拟实验过程，降低了实验操作中可能面临的安全风险。

实验重复性：学生可以反复进行实验，巩固实验技能，而不受实验设备的限制。

（三）在线实验室的设计原则

1. 用户体验优先

在线实验室的设计应以用户体验为重要原则，确保学生能够方便、顺利地进行实验。界面友好、操作简单、反馈及时是设计中需要考虑的关键点。

2. 虚拟仿真技术应用

在线实验室的核心在于虚拟仿真技术的应用。通过虚拟仿真技术，能够准确模拟实验过程，提供真实的实验场景，为学生提供高度还原度的实验体验。

3. 数据采集与分析

在线实验室应具备数据采集与分析的功能，能够实时记录学生的实验数据，并提供相应的分析工具。这有助于学生更深入地理解实验结果，培养数据分析和解释的能力。

4. 多学科整合

在线实验室的设计要考虑多学科的整合，满足不同学科的实验需求。这有助于促进跨学科学习，提供更为综合和全面的实验体验。

（四）在线实验室的应用案例

1. 化学实验室

（1）化学反应模拟

在线化学实验室通过虚拟仿真技术，模拟各种化学反应的过程。学生可以在虚拟环境中调配溶液、观察反应产物，实现在真实实验室中难以完成的反应模拟。

（2）安全实验环境

在线实验室提供了更为安全的实验环境。在模拟的化学实验中，学生无需面对实际化学试剂，减少了实验中可能发生的事故风险。

2. 物理实验室

（1）力学实验模拟

在线物理实验室通过虚拟仿真技术模拟力学实验，如斜面上滑动物体、弹簧振子等实验。学生可以通过虚拟环境中的模拟操作，理解力学规律。

（2）光学与电磁学实验

在线物理实验室可以模拟光学和电磁学实验，如光的折射、电场线分布等。学生可以在虚拟环境中进行观察和操作，深入理解光学和电磁学原理。

3. 生物实验室

（1）细胞观察与培养

在线生物实验室可以模拟细胞观察和培养实验。学生可以通过虚拟环境中的显微镜观察细胞结构，并进行虚拟培养实验，了解细胞生长过程。

（2）生态系统模拟

通过虚拟仿真技术，在线生物实验室可以模拟生态系统的运作。学生可以在虚拟环境中调查不同生物之间的相互关系，深入理解生态学概念。

4. 工程实验室

（1）电路设计与仿真

在线工程实验室可以提供电路设计与仿真的实验环境。学生可以使用虚拟工具进行电路元件的拖拽、连接，模拟电路运行过程，检测电流、电压等参数，实现电路设计与测试的全过程。

（2）结构力学模拟

在工程实验室中，结构力学模拟是另一个重要的应用。学生可以通过虚拟仿真技术进行结构的受力分析、变形模拟，了解不同条件下结构的稳定性和强度。

5. 计算机实验室

（1）编程实践与调试

在线计算机实验室为学生提供了一个虚拟编程环境，支持多种编程语言。学生可以在虚拟环境中进行编码、调试，实时查看程序运行效果，提高编程实践能力。

（2）网络安全实验

针对网络安全教育，在线计算机实验室可以模拟各类网络攻击与防御场景，学生可以在虚拟网络环境中进行实战演练，提高网络安全意识与技能。

在线实验室的设计与建设代表着教育技术领域的一次创新尝试。通过提供更加灵活、安全、跨学科的实验环境，在线实验室为学生提供了更多学科的实践机会，拓宽了他们的学科视野。尽管在线实验室面临一些挑战，如技术设备成本、教师培训、内容质量等，但其带来的优势和未来的发展前景仍然令人期待。

二、远程实践教学的模式与效果

（一）概述

随着信息技术的迅猛发展，远程实践教学作为一种创新的教学模式，逐渐引起了教育界的关注。本部分将深入研究远程实践教学的模式，探讨其在教育中的优势、应用案例以及对学生创新能力培养的影响。

（二）远程实践教学的概念与特点

1. 远程实践教学的定义

远程实践教学是指通过网络和信息技术手段，使学生能够在距离实验室、实地等实践场地较远的情况下，通过虚拟实验、模拟实践等形式进行实践活动，达到实践教学的目的。

2. 远程实践教学的特点

地理无关性：学生无需亲临实践场地，可以在任何地点参与实践活动，从而克服地理位置的限制。

时间灵活性：学生可以在灵活的时间段内进行实践，无需受到实践场地开放时间的限制。

资源共享：远程实践教学通过网络实现资源的共享，能够让更多学生共享高质量的实践资源。

（三）远程实践教学的模式

1. 虚拟实验室

（1）仿真模拟

通过虚拟实验室的仿真模拟，学生可以在虚拟环境中进行实验操作，模拟真实实验场景，实现实验效果的高度还原。

（2）虚拟仪器

虚拟实验室提供了各种虚拟仪器，学生可以在电脑终端上操作这些虚拟仪器，进行实验测量和数据采集，从而实现实践过程的数字化。

2. 在线项目实践

（1）跨地合作

通过在线项目实践，学生可以参与跨地合作的项目，与来自不同地区的同学协同工作，体验跨文化合作的过程。

（2）行业实践

学生可以通过远程实践参与真实的行业项目，与行业专业人士互动，了解行业现状，提升实际问题解决能力。

3. 虚拟实地考察

（1）虚拟现实技术

通过虚拟现实技术，学生可以进行虚拟实地考察，仿佛置身于实地，观察、学习，达到实地考察的效果。

（2）虚拟博物馆

通过远程参观虚拟博物馆，学生可以近距离欣赏艺术品、历史文物等，拓宽知识面，增强其对文化的理解。

（四）远程实践教学的应用案例

1. 工程领域

（1）远程实验室

工程类专业的学生可以通过远程实验室进行虚拟实验操作，学习相关实验技能，提高实践能力。

（2）在线项目实践

工程项目的设计与管理可以通过在线项目实践进行，学生可以参与实际项目，锻炼项目管理与团队协作能力。

2. 医学领域

（1）虚拟解剖

医学生可以通过虚拟解剖软件进行人体结构的学习，实现在不同解剖层面的切换，提高其对解剖学知识的理解。

（2）远程病例分析

学生可以通过远程病例分析，参与实际医学病例的讨论与分析，培养其临床思维和问题解决能力。

3. 艺术与设计领域

（1）虚拟创作工作室

艺术与设计专业的学生可以在虚拟创作工作室中进行设计实践，使用虚拟绘画工具，创作艺术作品。

（2）虚拟展览与评论

学生可以通过参与虚拟展览，欣赏他人作品并进行评论，拓展艺术审美与表达能力。

4. 计算机科学领域

（1）编程实践

学生可以通过在线编程实践，使用虚拟编程环境，进行编码、调试等操作，提高编程实践能力。

（2）网络安全攻防演练

学生可以参与远程网络安全攻防演练，了解网络攻防技术，提升网络安全意识。

（五）远程实践教学的优势

1. 突破地域限制

远程实践教学通过网络技术的应用，使得学生不再受制于地域的限制。无论学生身处何地，都能参与到高质量的实践活动中，促进教育资源的均衡分配。

2. 灵活的学习时段

传统实践教学通常需要安排固定的实践时间，而远程实践教学则能够让学生在灵活的时间段内进行实践活动。这种灵活性使得学生能够更好地安排学业与其他生活事务，提高学习效率。

3. 跨学科整合

远程实践教学模式可以更容易地实现跨学科整合。不同学科领域的知识可以在一个项目中得到综合应用，促进学生在学科之间的交叉学习，培养学生更为全面的能力。

4. 共享优质资源

通过远程实践教学，学生能够共享全球范围内的优质实践资源。高水平的实验室、专业的实践指导团队，都可以通过互联网平台为学生提供，提高学习的水平。

5. 提高实践效果

远程实践教学采用虚拟实验、模拟实践等手段，能够在安全的环境下让学生进行更多实际操作，提升实践效果。学生可以反复实践，巩固知识，提高技能水平。

（六）远程实践教学对学生创新能力的影响

1. 提升问题的解决能力

远程实践教学注重学生独立思考和解决问题的能力。学生在远程实践中面对各种挑战，需要通过自主学习和实践来解决，从而培养其问题解决的能力。

2. 促进团队合作

远程项目实践常涉及团队合作，学生需要协同工作，分享资源，协调任务。这有助于培养学生的团队协作与沟通能力，是创新过程中不可或缺的一环。

3. 拓展创新思维

在远程实践中，学生接触到更广泛的知识领域和实践场景，促使他们从不同的角度思考问题，拓展创新思维，培养跨学科思维的能力。

4. 培养自主学习意识

远程实践强调学生的主动性和自主性，学生需要根据实际情况主动学习、主动解决问题。这有助于培养学生的自主学习意识，激发他们对知识的主动追求。

5. 提高实际应用能力

通过远程实践，学生能够更贴近实际应用场景，将理论知识转化为实际操作，提高实际应用能力。这对学生未来进入职场后能够更好地应对工作挑战具有积极的影响。

远程实践教学作为一种创新的教学模式，正在逐渐改变传统实践教学的方式。通过虚拟实验、在线项目实践等手段，远程实践教学为学生提供了更多、更灵活的实践机会。尽管面临一些挑战，如技术设备成本、教师培训等，但其为学生创新能力的培养带来的积极影响仍使其备受期待。

未来，随着技术的不断创新和教育理念的不断深化，远程实践教学将继续在教育领域发挥重要作用。通过解决技术设备问题、加强教师培训、推动跨学科整合等措施，可以进一步提高远程实践教学的效果，为学生提供更丰富、更个性化的学习体验。在这个不断发展的教育领域，远程实践教学将持续演进，为培养具有实践能力和创新精神的学生做出更大的贡献。

三、在线实验室与远程实践的教学创新

（一）概述

随着信息技术的飞速发展，教育领域也在不断迭代，寻求更加创新的教学方式。在线实验室和远程实践作为教学创新的两大关键元素，为学生提供了更为灵活、便捷的学习途径。本部分将深入探讨在线实验室和远程实践在教育中的创新，分析其优势、应用案例，并展望未来的发展趋势。

（二）在线实验室的教学创新

1. 定义与特点

（1）定义

在线实验室是基于互联网技术构建的虚拟实验环境，通过网络平台模拟传统实验室的实际操作，为学生提供实验学习的机会。

（2）特点

灵活性：学生可以在任何时间、任何地点通过互联网参与实验操作，解决了传统实验室时间和地域的限制。

安全性：在线实验室通过虚拟化技术，降低了实验操作的风险，提供更安全的学习环境。

资源共享：学生可以共享高质量的实验资源，摆脱了传统实验室资源有限的问题。

2. 在不同学科领域的应用

（1）工程与计算机科学

在线实验室为工程和计算机科学领域的学生提供了虚拟化的电路设计、编程实践等实验，增强了他们的实际操作能力。

（2）医学与生命科学

医学生可以通过在线实验室进行虚拟解剖、临床模拟等实践，增强对医学知识的理解和应用。

（3）物理与化学

物理和化学实验可以在虚拟环境中进行，学生能够更直观地观察和理解实验现象，提升科学素养。

3. 优势与挑战

（1）优势

时空灵活：学生可以根据个人时间安排，选择适合自己的学习时段，提高学习的自主性。

实验重复性：学生可以反复进行实验操作，巩固实验技能，深化对实验原理的理解。

跨学科整合：在线实验室设计时可以跨学科整合，促进了不同学科领域的综合学习。

（2）挑战

设备与成本：在线实验室的建设需要较高的技术设备和投入，增加了教育机构的负担。

教师培训：教师需要适应在线实验室的教学模式，掌握相关技术，这需要一定的培训和适应期。

（三）远程实践的教学创新

1. 定义与特点

（1）定义

远程实践是通过网络技术使学生在不同地点进行实践活动，包括虚拟项目实践、在线考察等形式。

（2）特点

地理无关性：学生不再受制于地域，可以参与全球范围内的实践活动。

实践时段灵活：学生可以在个人时间内进行实践，不再受到实践场地开放时间的限制。

资源共享：远程实践通过网络实现资源的共享，使得学生能够共享全球范围内的实践资源。

2. 在不同学科领域的应用

（1）工程与计算机科学

学生可以通过远程项目实践参与真实的工程项目，锻炼项目管理与团队协作能力。

（2）医学与生命科学

远程病例分析使学生能够参与实际医学病例的讨论与分析，锻炼临床思维和问题解决能力。

（3）艺术与设计

虚拟创作工作室为艺术与设计专业的学生提供了在线设计实践的平台，创作艺术作品。

3. 优势与挑战

（1）优势

跨地合作：通过远程项目实践，学生可以与来自不同地区的同学协同工作，体验跨文化合作的过程，拓展国际化视野。

行业实践：学生可以通过远程实践参与真实的行业项目，与专业人士互动，了解行业现状，提升实际问题解决能力。

虚拟实地考察：利用虚拟现实技术，学生可以进行虚拟实地考察，仿佛置身于实地，提高其对实际场景的了解程度。

（2）挑战

技术要求：远程实践需要一定的技术设备和网络支持，这对一些学生可能造成一定的难题。

社交交流：远程实践可能减少面对面的社交交流，学生之间的合作与交流可能相对不足。

实践效果难以把握：在远程实践中，教师可能难以直接监控学生的实践过程，实践效果也相对难以把握。

（四）在线实验室与远程实践的结合

1. 跨学科整合

在线实验室与远程实践可以进行跨学科的整合。通过在线实验室，学生可以获得更为具体的实验操作经验，而远程实践则能让学生将这些经验应用到实际项目中，促进理论与实践的结合。

2. 虚拟现实与增强现实的融合

将虚拟现实（VR）和增强现实（AR）技术融入在线实验室与远程实践中，可以提供更为真实、沉浸的实践体验。学生可以通过虚拟现实设备亲身感受实验场景，增强实际操作的感知和理解。

3. 社交化学习与团队合作

在线实验室和远程实践均可以加强社交化学习和团队合作。通过在线平台，学生可以分享实验经验、协同解决问题，促进团队合作和学科交流。

4. 智能辅助教学系统

引入智能辅助教学系统，借助人工智能技术，为学生提供个性化的实践建议和资源。系统可以根据学生的学习表现调整实验内容，提供实时反馈，进一步促进个性化教学。

在线实验室与远程实践的教学创新为传统教学模式带来了全新的可能性。这不仅是技术的发展，更是对教育理念的创新。通过跨学科整合、虚拟现实技术、社交化学习等手段，可以期待未来教学模式的不断优化和提升。在线实验室与远程实践的结合将为学生提供更为全面、灵活、安全的学习体验，有望培养更具实践能力和创新精神的学生。

第五节　社交媒体与学术交流平台的建设

一、社交媒体在计算机教育中的应用

（一）概述

社交媒体的兴起和普及为计算机教育领域带来了新的机遇和挑战。计算机科学与技术是一个不断发展的领域，而社交媒体作为互联网时代的产物，为学生、教师和专业人士提供了交流、学习和合作的平台。本部分将探讨社交媒体在计算机教育中的应用，分析其优势和挑战，并提出未来发展的方向。

（二）社交媒体的定义和特点

1. 社交媒体的定义

社交媒体是一种基于互联网和移动通信技术的平台，通过用户生成的内容和在线社交网络，实现用户之间信息共享、互动和合作的工具。主要包括社交网络（如 Facebook、Twitter）、博客（如 Medium、WordPress）、维基（如

Wikipedia）、专业社区（如 GitHub）等。

2. 社交媒体的特点

用户生成内容：社交媒体的内容主要由用户生成，包括文字、图片、视频等多种形式，反映了多元化的观点和经验。

互动性强：用户可以通过评论、点赞、分享等方式与他人进行实时互动，形成动态的社交网络。

信息传播快速：社交媒体的信息传播速度快，一条信息可以在短时间内被广泛传播，形成话题。

（三）社交媒体在计算机教育中的应用

1. 学习资源共享

（1）GitHub

GitHub 作为一个面向开发者的社交媒体平台，不仅提供代码托管服务，还允许用户分享和协作编写代码。学生和教师可以在 GitHub 上创建项目，分享自己的代码，学习他人的优秀实践，促进编程技能的提升。

（2）博客

学生可以通过博客平台分享自己的学习心得、项目经验和解决问题的方法。这种信息共享不仅有助于建立学习者的个人品牌，还能够激发学生的学习兴趣，促进知识的传递与交流。

2. 在线学习社区

（1）Stack Overflow

Stack Overflow 是一个面向程序员的问答社区，学生和教师可以在这里提出技术问题，得到全球范围内其他程序员的解答。这种开放的问答环境有助于快速解决问题，促进学生在编程过程中的成长。

（2）Coursera、edX

Coursera、edX 等在线学习平台具备社交媒体的特征。学生可以在这些平台上加入课程讨论、与同学互动，共同完成课程项目。这种在线学习社区有助于构建学习者之间的联系，提升学习效果。

3. 职业发展与招聘

（1）LinkedIn

LinkedIn 是专注于职业发展和招聘的社交媒体平台。计算机专业的学生可以在 LinkedIn 上建立个人专业资料，关注行业动态，参与专业社区，甚至找到潜在的雇主或合作伙伴。这为学生提供了展示自己、获取职业机会的平台。

（2）技术博客

许多技术专家和公司通过技术博客分享最新的技术趋势、案例研究和开发经验。学生可以通过订阅这些博客，了解行业最新动态，提升其对技术发展的敏感度。

社交媒体在计算机教育中具有巨大的潜力，为学生提供了丰富的学习资源和交流平台。然而，要实现社交媒体在计算机教育中的最佳应用，需要教育机构、学生和相关组织共同努力。通过规范使用、整合资源、技术创新和培训引导，可以更好地发挥社交媒体在计算机教育中的优势，推动教育不断创新发展，培养更具创造力和团队协作能力的计算机专业人才。

二、学术交流平台的特点与功能

（一）概述

随着信息技术的迅猛发展，学术交流平台作为学术界数字化转型的产物，日益成为学术研究者、科学家和学生之间互通信息、分享研究成果的重要工具。本部分将深入探讨学术交流平台的特点与功能，分析其在学术领域中的作用，以及如何通过这些平台构建更加紧密的学术共同体。

（二）学术交流平台的特点

1. 开放性与全球化

学术交流平台具有开放的特性，允许全球范围内的学者加入。研究者可以在平台上自由发布、分享和讨论各种学术内容，促进全球学术资源的共享。

2. 多媒体形式的信息传播

学术交流平台支持多种形式的信息传播，包括文字、图片、音频、视频等。这使得学者可以更灵活地呈现研究成果，提高学术交流的效果。

3. 即时互动与评论机制

平台通常提供即时的互动和评论机制，使学者能够实时获取同行的反馈和意见。这种互动机制有助于促进学术讨论，加速研究进程的推进。

4. 学术社交网络

学术交流平台往往构建了学术社交网络，使学者可以建立和拓展专业关系。这有助于促进跨领域、跨国界的合作，推动学术共同体的形成。

5. 数据化和智能化

学术交流平台通过对大量学术数据的收集和分析，实现了数据化和智能化。这使得学者能够更便捷地找到相关研究资料，推荐感兴趣的论文和项目，提高信息检索的效率。

（三）学术交流平台的功能

1. 论文发表与分享

学术交流平台是学者发表论文和分享研究成果的主要场所。学者可以在平台上上传自己的研究论文，供其他学者查阅、评论和引用。这有助于提高研究成果的可见性和影响力。

2. 学术活动组织

学术交流平台通常支持学术活动的组织与宣传，包括学术会议、研讨会、讲座等。学者可以通过平台获取相关信息、提交论文、参与组织，并在活动中进行学术交流。

3. 专业社交与合作

学术交流平台构建了学术社交网络，使学者能够在平台上建立个人资料、关注其他学者，并通过私信或评论等方式展开专业社交。这有助于促进学者之间的合作与交流。

4. 专业问答和互助

平台上通常设有专业问答板块，学者可以在这里提出问题，得到其他学者的回答。这种互助机制有助于解决研究中遇到的问题，促进学术进步。

5. 学术资源管理

学术交流平台提供学术资源管理功能，包括个人文献库、笔记记录、关注领域等。学者可以方便地管理自己的学术资源，随时随地获取所需信息。

6. 学术评价与排名

学术交流平台通过引用量、关注度等指标对学者和论文进行评价和排名。这既有助于学者展示自己的学术影响力，也为其他学者提供了评估学术价值的参考。

（四）学术交流平台的作用

1. 促进学术合作

学术交流平台为学者提供了一个便捷的合作平台。通过平台上的专业社交网络和合作功能，学者能够找到潜在的合作伙伴，推动学术研究项目的开展。

2. 提高学术可见性

通过学术交流平台发表论文和分享研究成果，学者的研究可以更广泛地为同行所知。这提高了研究的可见性，有助于吸引更多的关注和引用，可以进一步提升学者在学术领域的声望。

3. 促进学科交流与跨领域研究

学术交流平台汇聚了来自不同学科背景的学者，促进了跨学科的交流与合作。学者可以更容易地获取其他领域的最新研究成果，促使不同学科之间的知识交流，为跨领域研究创造更有利的环境。

4. 提供学术信息的快速获取

学术交流平台通过智能推荐和搜索引擎等技术手段，使学者能够更快速、准确地获取到其所需的学术信息。这有助于学者在日常研究中高效地查找文献、了解专业前沿进展。

5. 构建学术共同体

学术交流平台的开放性、互动性和社交性，使其成为构建学术共同体的有效工具。学者在平台上形成紧密的联系，共同关注领域内的问题，共享研究经验，推动学术共同体的形成。

学术交流平台的崛起与发展为学术界的数字化转型提供了新的契机。这些平台以其开放性、互动性和多功能性，成为学者共同构建学术共同体的数字枢纽。然而，随着发展，我们也面临着一系列挑战，包括信息质量、学术评价、数据隐私等问题。在未来，为了更好地发挥学术交流平台的作用，我们需要不断优化平台功能，强化学术伦理建设，创新评价体系，加强数据隐私保护，推动全球化合作。

三、建设与管理学术交流平台的经验分享

（一）概述

学术交流平台的建设与管理对促进学术研究和合作至关重要。在信息技术不断发展的今天，学术界逐渐认识到数字化工具在学术交流中的重要性。本部分将分享学术交流平台建设与管理的经验，涵盖平台设计、功能开发、用户管理等方面，旨在为学术机构和相关组织提供实用的指导和启示。

（二）平台设计与功能开发

1. 定位明确

在建设学术交流平台之前，首先需要明确平台的定位和目标。确定平台是以论文发表为主，还是注重学术合作和互助，或者兼具多种功能。不同的定位将决定平台的功能设计、用户群体和推广策略。

2. 多元化的功能设计

学术交流平台的成功关键之一是多元化的功能设计。除了基本的论文发表和下载功能，还可以考虑加入专业社交、学术问答、在线讲座、项目合作等功能，以满足学者多层次的需求，提升平台的吸引力和实用性。

3. 用户界面友好性

一个好的用户界面是平台建设的基础。确保平台的设计简洁、直观，用户能够轻松找到所需功能。另外，响应式设计也是一个重要考虑因素，以适应不同终端的访问，包括 PC、平板和手机等。

4. 数据安全与隐私保护

学术交流平台涉及大量学者的研究成果和个人信息，因此数据安全与隐私保护是至关重要的。采用加密技术、权限管理等手段，保障用户信息的安全，并明确隐私政策，让用户放心使用平台。

（三）用户管理与社群建设

1. 注重学术社群建设

学术交流平台的价值在于构建一个活跃的学术社群。通过定期组织学术活动、在线讲座、专题研讨等，促进学者之间的交流与合作，形成紧密的社群网络。

2. 专业团队的培训与管理

平台的管理团队需要具备一定的学术和技术背景。培训团队成员，使其熟悉学术领域的特点，了解学者的需求，从而更好地进行平台的维护和管理。同时，建立有效的沟通机制，及时解决用户问题，提升用户体验。

3. 用户反馈与改进

用户反馈是学术交流平台改进的重要依据。建立反馈渠道，鼓励用户提出建议和意见。及时关注用户的反馈，有针对性地进行改进和优化，提高平台的用户满意度。

4. 激励机制的设计

为了激励学者积极参与平台的建设和交流，可以设计一些激励机制，如优秀论文奖励、积分制度、学术声望等。这有助于提高学者参与度，推动平台的良性发展。

（四）推广与合作

1. 有效的推广策略

平台建设好之后，需要制定有效的推广策略。可以通过学术会议、社交媒体、合作机构等多种途径进行推广。重点突出平台的特色和优势，吸引更多学者的关注和加入。

2. 与学术机构的合作

与学术机构建立紧密的合作关系是推广的重要一环。通过与大学、研究院所、学术组织等合作，共同推动平台的发展，开展联合活动，扩大平台的影响力。

3. 国际化合作

学术交流平台的价值在于构建全球范围内的学术共同体。因此，推动国际化合作是平台发展的关键。可以与国际知名学术机构合作，引入国际化学术资源，拓展平台的国际影响力。

4. 持续的品牌建设

学术交流平台的品牌形象对吸引用户和合作伙伴至关重要。持续地进行品牌建设，包括制定专业的品牌标识、发布定期的推广内容、参与学术会议等，提高平台在学术领域的知名度和声望。

（五）技术与服务的持续优化

1. 不断优化技术架构

学术交流平台的技术架构需要不断进行优化，以适应不断变化的用户需求和技术发展。引入新的技术手段，提升平台的性能、安全性和用户体验。

2. 引入智能化服务

通过引入智能化服务，可以提高学术交流平台的效率和个性化服务水平。利用人工智能技术，平台可以实现更精准的用户推荐、内容推送，根据用户的兴趣和需求为其提供个性化的学术体验。

3. 数据分析与决策支持

学术交流平台积累了大量的学术数据，包括用户行为、论文引用、活动参与等。通过数据分析工具，平台可以深入了解用户的需求和平台的运营情况，为决策提供科学依据。这有助于及时发现平台的瓶颈和问题，从而进行迭代优化。

4. 科技支撑学术创新

学术交流平台应当充分利用现代科技手段，为学术创新提供更强有力的支持。例如，结合虚拟现实技术，提供在线实验室体验；引入区块链技术，确保学术数据的安全性和透明度；运用自然语言处理技术，改进论文检索和推荐系统。

学术交流平台的建设与管理是一个复杂而充满挑战的过程。通过不断总结经验，充分发挥科技的力量，平台可以更好地服务于学者，推动学术研究的创新与发展。在未来的发展中，我们期待学术交流平台能够更好地适应时代的需求，不断创新，为全球学术界构建更加紧密的学术共同体提供更为有力的支持。

第六节　开发与管理计算机教学资源的策略

一、计算机教学资源开发的流程与方法

（一）概述

随着信息技术的迅猛发展，计算机教学资源的开发变得愈加重要。优质的教学资源不仅能够提升教学效果，还有助于培养学生的综合素养。本部分将探讨计算机教学资源开发的流程与方法，以指导教育工作者更有效地利用现代技术进行教学资源的创新和开发。

（二）计算机教学资源开发的流程

1. 需求分析

教学资源的开发应始于对教学需求的深入分析。教育工作者需要了解目标学生群体的特点、教学内容的难点、教学目标等信息。这有助于明确教学资源的定位和功能，确保资源的开发符合实际需求。

2. 制订教学设计方案

基于需求分析的结果，制订详细的教学设计方案。方案应明确教学目标、内容结构、教学方法等，为后续的资源开发提供指导。这一步骤涉及教学理念的融入和教育技术的选型。

3. 选择合适的教育技术工具

根据设计方案，选择适当的教育技术工具。这包括教学平台、多媒体工具、交互式应用等。选择时需要考虑工具的易用性、适用性、教育性能等方面，确保工具能够良好地支持教学设计。

4. 创作教学内容

在选择好教育技术工具后，教育工作者需要创作教学内容。这可能包括文字、图像、音频、视频等多种形式的信息。在创作时要注重信息的清晰度、有效性和吸引力，以提高学生的学习兴趣。

5. 教学资源的制作与编辑

根据创作的教学内容，利用相关工具进行资源的制作与编辑。这包括多媒体素材的整合、课件的设计、互动教学应用的开发等。在制作过程中，要确保资源的可用性和适应性。

6. 质量评估与测试

在教学资源制作完成后，进行质量评估与测试。这一步骤涉及资源的功能测试、用户体验测试、教学效果评估等。通过评估测试结果，发现潜在问题，及时调整和改进教学资源。

7. 发布与分享

经过评估测试后，将教学资源发布到相应的平台，供学生使用。同时，可以考虑分享资源，使更多的教育从业者受益。另外，分享还有助于获取反馈，为资源的进一步优化提供依据。

8. 持续更新与改进

教学资源的开发并非一成不变的过程，应该持续进行更新和改进。及时关注用户反馈、技术发展趋势以及教学需求的变化，对资源进行修订和更新，确保其始终具有良好的实用性和教育价值。

（三）计算机教学资源开发的方法

1. 利用开放教育资源

开放教育资源是一种重要的教学资源获取方式。教育工作者可以利用开放教育资源库，获取与自己教学内容相关的素材，通过整合和创新，打造适合自己教学需求的资源。

2. 多媒体教学方法

多媒体教学是计算机教学资源开发中常用的方法。通过图像、音频、视频等多媒体元素，能够更生动直观地呈现教学内容，提高学生的理解和记忆效果。

3. 交互式教学设计

交互式教学设计注重学生参与，通过互动元素激发学生的学习兴趣。教育工作者可以设计在线测验、小组讨论、虚拟实验等交互性环节，增强学生的学习参与度。

4. 虚拟实验和模拟

在计算机教学资源中，虚拟实验和模拟是一种非常有用的方法。它可以提供实验环境的虚拟模拟，使学生在计算机上完成实验，既保证了安全性，又增加了实验的灵活性。

5. 在线学习平台

借助在线学习平台，教育工作者可以更便捷地管理和交付教学资源。一些知名的在线学习平台提供了丰富的教育工具和资源库，可供教育工作者选择和利用。

6. 社交媒体和协作工具

社交媒体和协作工具为学生提供了与教育工作者和同学交流的平台。通过在社交媒体上分享教学资源，或利用协作工具进行团队合作，可以促进学生之间的互动和合作学习，拓展学习空间。

7. 游戏化教学设计

引入游戏元素是提升学习动机和趣味性的有效途径。通过设计教育游戏、竞赛等形式，可以激发学生学习兴趣，增加他们对知识的掌握和应用能力。

8. 自主学习和个性化教育

利用计算机教学资源支持学生的自主学习和个性化教育。个性化学习平台可以根据学生的学科水平、学习风格等个体差异，为每个学生提供定制化的学习路径和资源。

9. 制作教学视频

制作教学视频是一种直观、生动的教学资源。通过录制教学视频，教育工作者可以将复杂的概念讲解得更加清晰，方便学生反复观看，巩固学习效果。

10. 开发在线实验室

通过开发在线实验室，学生可以在计算机上完成实验操作，不受时间和空间的限制。这种方式既提高了实验的安全性，又为学生提供了更灵活的学习机会。

（四）挑战与应对策略

1. 技术更新的快速变化

挑战：技术更新的快速变化可能导致之前开发的教学资源过时。

应对策略：建立敏捷的开发团队，关注技术趋势，采用灵活的开发方法，及时调整和更新教学资源，保持其与最新技术同步。

2. 学生个体差异

挑战：学生个体差异较大，同一资源可能不适用于所有学生。

应对策略：采用个性化教学设计，充分考虑学生的差异性，提供多样化的学习资源和路径，以满足不同学生的学习需求。

3. 教育资源质量和可信度

挑战：互联网上存在大量信息，但质量和可信度参差不齐。

应对策略：选择来自可靠机构或认证平台的教育资源，建立评估机制，加强教育资源的质量管控，确保其对学生的教育价值。

4. 学科特性和知识体系的复杂性

挑战：某些学科的知识体系较为复杂，教学资源的开发难度较大。

应对策略：采用团队协作，邀请学科专家参与开发，充分利用已有的开放教育资源，通过合作提高资源的质量和深度。

5. 学习者对技术的适应度

挑战：部分学习者可能对新技术的使用不够熟练，影响其学习体验。

应对策略：提供详细的使用说明和培训材料，设计用户友好的界面，鼓励学生互相协助，降低学习者对技术的适应门槛。

计算机教学资源的开发是适应现代教育需求的重要手段。通过科学的流程和创新的方法，教育工作者可以更好地利用计算机技术，为学生提供丰富多样的学习体验。在面对挑战时，灵活应对，不断改进和创新，将有助于推动教育向着更加开放、灵活和个性化的方向发展。

二、教学资源的可持续发展与更新

（一）概述

在数字化时代，教学资源的可持续发展与更新成为推动教育创新和提高教学质量的关键因素。随着技术的不断进步和教学理念的不断演进，教育机构需要采取积极的措施来确保教学资源的时效性、适用性和质量。本部分将探讨教学资源的可持续发展与更新的重要性、挑战与机遇，以及可行的策略和方法。

（二）教学资源的可持续发展

1. 可持续发展的概念

可持续发展是指在满足当前需求的基础上，不损害满足未来世代需求的资源。在教育领域，教学资源的可持续发展意味着资源的设计、使用和管理应当具有长期的有效性，以适应教学目标的变化和教学环境的不断发展。

2. 可持续发展的重要性

适应教育变革：教育领域面临着不断变化的需求和趋势，如新的教学方法、科技应用等。可持续发展的教学资源能够及时适应这些变革，保持与教学目标的一致性。

提高教学效果：不断更新的教学资源可以更好地满足学生的学习需求，提高教学的灵活性和吸引力，从而增强学生的学习动力和效果。

推动教育创新：可持续发展的教学资源为教育创新提供了基础。它们能够促进新的教育理念、教学策略和技术工具的应用，推动整个教育体系的进步。

3. 实现可持续发展的挑战

技术更新：技术的迅速更新是一个挑战，因为过时的技术可能导致教学资源无法在新环境下发挥作用。因此，及时了解并采纳新技术是可持续发展的一项重要任务。

教师培训：教师对新技术和教学方法的了解和应用水平直接影响教学资源的可持续发展。因此，教师培训和专业发展是保障可持续发展的关键。

财政支持：教学资源的更新和发展需要财政支持，包括购买新的技术设备、更新教材、进行培训等。缺乏财政支持可能成为实现可持续发展的制约因素。

（三）教学资源的定期更新

1. 定期更新的必要性

保持时效性：教学资源的时效性是其有效性的基础。随着科技和学科知识的不断更新，过时的教材和资源会失去教学的实际效果。

适应学生需求：学生的学习需求和方式随着时代的变化而不断演进。定期更新教学资源有助于更好地满足学生的多样化需求，提高教学的更具针对性。

引入新教学方法：随着教育研究和实践的发展，新的教学方法和策略不断涌现。定期更新教学资源有助于引入这些最新的教学理念，提升教学效果。

2. 更新的内容和方式

教材和课程：定期更新教材和课程内容是保持教学资源新鲜的关键。这包括添加最新的知识点、实例、案例，调整教学顺序和深度，以确保内容与时代同步。

技术工具和平台：随着科技的不断发展，教学资源中的技术工具和平台也需要定期更新。这可能涉及更先进的软件、应用程序、在线学习平台等。这有助于提供更丰富、互动性更强的学习体验。

多媒体资料：教学资源的多媒体资料，如图像、音频、视频等，也需要定期更新。这有助于吸引学生的注意力，提供更直观、生动的学习体验。

在线教育资源：随着在线教育的普及，定期更新在线教育资源变得尤为重要。这包括在线课程、网络研讨会、虚拟实验室等。更新可以涉及课程内容的更新、学习资源的丰富化，以及技术工具的升级。

3. 教学资源更新的挑战

时间和人力成本：更新教学资源需要投入大量的时间和人力。教师需要花费时间研究新的教学方法、编写新的教材，而机构需要投入资金进行培训和更新设备。

技术难题：对于涉及技术的教学资源，更新可能涉及新技术的学习和应用，这可能是一项挑战。一些教育机构可能面临技术设备更新的财务压力。

抵触情绪：一些教育者可能对变革产生抵触情绪，尤其是在他们已经熟练掌握的教学资源和方法被更新或替代时。这需要解决沟通和培训方面的问题。

（四）教学资源的可持续更新策略

1. 建立反馈机制

建立学生、教师和其他相关利益方的反馈机制，定期收集他们对教学资源的意见和建议。通过有效的反馈，可以更准确地了解资源的实际效果和存在的问题，有针对性地进行更新。

2. 制订更新计划

制订明确的教学资源更新计划，将更新过程纳入教育机构的年度计划。明确更新的内容、时间表和责任人，确保更新过程有序、高效进行。

3. 设立专业团队

设立专业的教育技术团队，负责研究新的教学方法和技术应用，以及更新教学资源。这样的团队可以不断推动教育技术的创新，促进教育资源的可持续发展。

4. 利用开放教育资源

积极利用开放教育资源，借鉴和采纳其他机构已经验证过的高质量资源。这有助于降低更新成本，提高资源的质量和时效性。

5. 提倡教育合作

建立教育合作网络，推动教育资源的共享和交流。通过与其他机构、教育科技公司的合作，可以更快速地获取先进的教学资源和技术支持。

6. 教师培训和支持

确保教师具备使用新教学资源的技能和知识。提供定期的培训和支持，鼓励教师参与资源更新的过程，增强他们的更新意愿和能力。

7. 建立奖励机制

建立教育资源更新的奖励机制，激励教师和教育技术人员参与资源的更新和创新。奖励可以是荣誉、奖金或其他形式，以提高教师更新资源的积极性。

教学资源的可持续发展与更新是教育领域不断进步的动力源泉。通过建立有效的更新机制、推动技术创新、加强全球合作，我们有望构建一个充满活力、适应变革的教育生态系统。只有不断拥抱变化、不断追求卓越，我们才能更好地培养具有创新精神和终身学习能力的新一代学生，推动社会的可持续发展。在这个过程中，决策者、教育者和技术人员共同努力，将为教育事业注入更多的活力与希望。

第四章　信息技术在大学计算机教学中的应用

第一节　基于云计算的教学平台搭建

一、云计算技术在教学中的基本原理

（一）概述

随着信息技术的飞速发展，云计算技术逐渐成为教育领域的一项重要工具。云计算通过提供灵活、高效、可扩展的计算资源，为教育机构提供了更先进的教学和管理工具。本部分将深入探讨云计算技术在教学中的基本原理，包括云计算的定义、核心特征、服务模型以及在教学中的应用。

（二）云计算的基本概念

1. 云计算的定义

云计算是一种基于互联网的计算模式，通过将计算资源、存储资源、网络资源等进行虚拟化和集中管理，使用户能够通过网络按需获取和使用这些资源。简而言之，云计算提供了一种按需获取计算资源的方式，用户无需关心底层的硬件和软件实现。

2. 云计算的核心特征

自服务性：用户可以根据需要自主获取计算资源，无需人工干预。这使得教育机构能够根据学习需求灵活配置资源。

广泛网络访问：云计算通过网络提供服务，用户可以通过标准的互联网方式，如浏览器或移动应用，随时随地访问云服务。

资源池化：云计算将多个物理或虚拟的计算资源组合成一个资源池，用

户无需关心具体的物理位置，资源的分配是动态、自动化的。

快速弹性：用户可以根据需求迅速扩展或缩小所使用的计算资源，实现弹性伸缩。这对于应对学校开学、考试等高峰时段非常有利。

可测量的服务：云计算系统能够监测、测量、记录用户的资源使用情况，为用户提供透明的计费和使用报告。

3. 云计算的服务模型

云计算根据提供的服务类型分为三个主要模型：

基础设施即服务：提供计算资源、存储资源和网络资源，用户可以在此基础上搭建和运行自己的应用，如虚拟机、存储空间等。

平台即服务：提供应用开发和运行的平台，用户无需关心底层的操作系统和硬件，可以专注于应用的开发和部署，如数据库服务、开发框架等。

软件即服务：提供完整的应用程序，用户无需关心底层的硬件、操作系统和应用程序的维护，只需通过浏览器或应用程序接口使用即可，如在线办公套件、邮件服务等。

（三）云计算在教学中的应用原理

1. 虚拟化技术

虚拟化是云计算的关键技术之一，通过将计算、存储和网络资源进行虚拟化，将物理资源抽象为虚拟资源。在教学中，虚拟化技术使得教育机构能够更好地利用硬件资源，提高资源利用率。

服务器虚拟化：通过将一台物理服务器划分为多个虚拟服务器，每个虚拟服务器可以运行不同的应用或服务，提高服务器的利用率。

存储虚拟化：将多个存储设备抽象为一个统一的存储池，实现对存储资源的集中管理和分配。

网络虚拟化：将网络资源进行虚拟化，实现不同网络的隔离和管理，提高网络的灵活性和可管理性。

2. 弹性伸缩和负载均衡

云计算的弹性伸缩使得教育机构可以根据实际需求动态调整计算资源的数量。在教学中，这意味着可以根据学生数量的变化实现弹性的资源伸缩，确保在高峰时段也能提供稳定的服务。

自动伸缩：根据实时的资源使用情况，自动增加或减少计算资源，保证系统在高峰时期有足够的计算能力。

负载均衡：将用户请求分发到多个服务器上，确保每个服务器的负载相对均衡，提高系统的稳定性和性能。

3. 多租户架构

云计算采用多租户架构，即多个用户共享相同的硬件和基础设施资源，但彼此之间相互隔离，互不影响。在教学中，多租户架构为不同的教育机构提供了安全、独立的运行环境。

数据隔离：各个教育机构的数据被隔离存储，确保数据安全性和隐私性。学校之间的数据不会相互干扰或泄露，保护了每个机构的独立性。

资源隔离：不同教育机构共享同一云计算平台，但它们的计算资源、存储资源和网络资源是相互隔离的，确保了每个机构有足够的资源供其使用。

4. 数据备份与灾难恢复

云计算平台提供了强大的数据备份和灾难恢复机制，确保教育机构的数据在意外事件发生时能够迅速恢复。

定期备份：云计算平台可以定期对教育机构的数据进行备份，包括课程资料、学生信息等。这保证了即便出现数据丢失的情况，也可以迅速从备份中还原数据。

多地备份：数据备份通常分布在不同的地理位置，确保即便某一地区发生灾难，其他地区的备份仍然可用，提高了数据的安全性。

灾难恢复计划：云计算服务商通常制订了完备的灾难恢复计划，包括在服务器故障、自然灾害等情况下的应急措施，确保系统能够在最短时间内恢复正常运行。

5. 安全与身份验证

云计算平台注重安全性，采用多层次的安全措施保障教育机构的数据和系统安全。

身份验证：用户在云平台上进行身份验证，确保只有合法的用户可以访问教学资源。这有助于防止未经授权的访问和数据泄露。

数据加密：在数据传输和存储的过程中，采用加密技术保护教育机构的敏感信息，确保数据在传输和储存过程中不被窃取。

安全审计：云计算平台可以记录和审计用户的操作行为，当有异常情况发生时，可以通过审计日志进行溯源，提高对潜在威胁的识别和应对能力。

云计算技术在教学中的应用正在逐步改变传统教育模式，为教育提供了更多的可能性。虚拟实验、在线学习平台、智能教育应用等多样化的应用场景展示了云计算在教育领域的广阔前景。然而，面临的挑战也需要教育机构、科技公司和政府共同努力解决。在未来，随着技术的不断发展和创新，云计算有望为教育带来更多创新性的变革，推动教育迈向数字化、智能化的新时代。

二、基于云计算的教学平台架构设计

（一）概述

随着信息技术的飞速发展，云计算技术逐渐成为教育领域的核心基础设施。基于云计算的教学平台不仅提供了灵活的资源管理和高效的服务交付，还支持创新的教学模式和个性化学习。本部分将探讨基于云计算的教学平台架构设计，包括核心组件、服务模型和关键技术。

（二）基本概念和术语

1. 云计算服务模型

基础设施即服务：提供基本的计算、存储和网络基础设施，用户可以在上面构建和运行自己的应用。

平台即服务：提供应用开发和运行的平台，用户无需关心底层的操作系统和硬件。

软件即服务：提供完整的应用程序，用户只需通过界面使用，无需关心底层的实现和维护。

2. 云计算部署模型

公有云：由云服务提供商向公众提供的云计算服务，资源共享、按需使用。

私有云：由单一组织或机构独享的云计算环境，用于满足特定的业务需求。

混合云：结合了公有云和私有云的优势，实现数据和应用的灵活迁移。

（三）基于云计算的教学平台架构设计

1. 核心组件

（1）用户管理和身份认证

用户管理组件负责管理教学平台的用户信息，包括学生、教师和管理员。身份认证机制保障了用户访问平台资源的安全性，可以采用单一登录等技术实现。

（2）资源管理和虚拟化

资源管理组件负责对云计算中的计算资源、存储资源和网络资源进行有效的管理和调度。虚拟化技术在资源池中实现了服务器虚拟化、存储虚拟化和网络虚拟化，提高了资源利用率。

（3）课程管理和内容分发

课程管理组件用于管理和组织教学内容，包括课程计划、教材、多媒体资源等。内容分发组件负责将教学资源按需分发给学生，确保学生能够方便、高效地获取所需的教学材料。

（4）交互和协作工具

交互和协作工具是教学平台的重要组成部分，包括在线讨论、实时聊天、协同编辑等功能，促进学生和教师之间的互动和合作。

（5）数据分析和智能辅助

数据分析组件利用大数据和分析技术对学生的学习数据进行深入分析，为教师提供学生学习情况的洞察。智能辅助组件结合人工智能技术，为学生提供个性化的学习建议和资源推荐。

2. 服务模型

（1）IaaS 服务模型

教学平台作为基础设施即服务（IaaS），提供计算、存储和网络等基础设施资源，为教育机构提供构建自己应用的灵活性。

（2）PaaS 服务模型

作为平台即服务（PaaS），教学平台可以提供应用开发和运行的平台，教师和开发者可以在上面构建和部署教学应用，无需关心底层的硬件和操作系统。

（3）SaaS 服务模型

通过软件即服务（SaaS），教学平台提供完整的教学应用，学生和教师可以通过浏览器或应用程序接口直接使用，无需关心底层的实现和维护。

3. 技术支持

（1）虚拟化技术

通过服务器虚拟化、存储虚拟化和网络虚拟化，提高硬件资源的利用率，实现资源的动态分配和调整。

（2）容器技术

容器技术可以实现更轻量级的应用部署，提高教学平台的灵活性和可移植性，支持快速部署和升级。

（3）大数据和分析

利用大数据和分析技术，对学生的学习数据进行实时分析，为教师提供学生学习情况的深入洞察，支持个性化学习。

（4）人工智能

人工智能技术可以应用于智能辅助教学、学习建议和内容推荐等方面，提升教学平台的智能化水平。

4. 安全性和隐私保护

（1）身份认证与访问控制

强化身份认证机制，采用多因素认证等技术，确保用户身份的安全性。同时，建立健全的访问控制机制，限制用户对教学平台资源的访问权限，保护敏感数据。

（2）数据加密与安全传输

对数据进行端到端的加密，保障教学平台中传输的数据在传输过程中不被窃取或篡改。采用安全套接层（SSL）等加密协议，确保数据在网络传输中的安全性。

（3）安全审计与监控

建立安全审计系统，对用户的操作行为进行记录和审计，及时发现和应对潜在的安全威胁。同时，通过实时监控系统，及时察觉异常活动，提高对安全事件的响应速度。

（四）架构设计原则

1. 弹性伸缩性

教学平台应具备弹性伸缩的能力，根据用户量和流量的变化，自动调整计算资源。这确保了在学期初、考试周等高峰时期，平台能够提供足够的计算能力，而在低谷时期又能够灵活释放资源，降低成本。

2. 多租户架构

采用多租户架构，确保不同学校、教育机构之间的数据和资源相互隔离，保护用户的隐私和安全。多租户架构使得多个学校可以在同一教学平台上运行，共享基础设施，提高资源的利用效率。

3. 开放标准和接口

教学平台应遵循开放标准和接口，以便与其他系统和服务进行集成。这使得平台更具扩展性和灵活性，可以根据需要引入新的教育应用、外部服务或者与其他教育系统进行无缝对接。

4. 数据备份和灾难恢复

建立完备的数据备份和灾难恢复机制，确保学校的教学数据在不同情况下都能够得到充分的保护。定期的数据备份、分布式存储和灾难恢复计划是确保平台稳定性和数据安全的重要手段。

5. 用户体验和易用性

教学平台应注重用户体验和易用性，提供直观友好的界面，简化用户操作流程。良好的用户体验有助于提高学生和教师的满意度，促使其更积极地使用平台进行学习和教学活动。

基于云计算的教学平台架构设计是教育数字化发展的关键步骤。通过合理的组件设计、服务模型选择和技术支持，教学平台能够更好地满足教育机构和学生的需求，提高教学效果和管理效率。弹性伸缩性、多租户架构、开放标准和接口、数据备份和灾难恢复、用户体验和易用性等架构设计原则都是为了确保平台的稳定性、安全性和可持续发展。

第二节　大数据分析与学生学习行为挖掘

一、大数据在教育领域的应用概述

随着信息技术的飞速发展，大数据技术在各行各业都崭露头角，教育领域也不例外。大数据在教育领域的应用，意味着通过收集、存储和分析海量的教育数据，从而获取深入的洞察，优化教学流程、提高学生学习成绩、实现教育的个性化和精细化管理。本部分将深入探讨大数据在教育领域的应用概况，包括其在学校管理、教学设计、学生评估、教育研究等方面的影响。

（一）学校管理

1. 学校资源分配与运营

大数据在学校管理中的应用首先体现在对学校资源的优化分配和运营管理上。通过收集学生、教职工、设备等多方面的数据，学校可以更全面地了解资源利用情况，合理规划和分配资源，提高运营效率。

数据驱动的招生计划：学校可以通过大数据分析过去几年的招生数据，预测未来的招生趋势，制订更科学合理的招生计划。

实时监测学校设备使用情况：通过传感器和监测设备，学校可以实时监测设备的使用情况，及时进行维护和修理，确保设备的高效利用。

2. 学生信息管理与个性化服务

大数据在学生信息管理方面的应用，使学校能够更好地了解每个学生的学业发展、兴趣爱好、社交活动等信息，为学生提供更个性化的服务和支持。

个性化学习路径设计：通过分析学生的学科兴趣、学科能力、学习进度等数据，学校可以为每个学生设计个性化的学习路径，提升学习效果。

学生健康管理：结合学生的健康数据，学校可以及时了解学生的身体状况，制订相应的健康管理计划，提供个性化的健康服务。

（二）教学设计

1. 个性化教学

大数据为教学设计提供了重要的支持，使教育更趋向个性化。通过分析学生的学习行为、反馈数据等，教师能够更好地理解学生的学习特点，调整教学策略，提供更贴近学生需求的教学内容。

学习路径推荐：基于学生的学科能力、学习偏好等数据，系统可以推荐适合学生的学习路径，帮助其更高效地掌握知识。

即时反馈：通过实时监测学生在课堂上的互动、作业完成情况等数据，教师可以及时给予反馈，帮助学生纠正错误、强化优势。

2. 教学资源优化

大数据分析可以帮助学校了解教学资源的使用情况，为教学资源的优化提供数据支持。

教材效果评估：通过分析学生对不同教材的反馈数据，学校可以评估教材的效果，选择更符合学生需求的教材。

课程设计改进：通过分析学生在不同课程中的表现，学校可以发现课程设计中的问题，及时调整教学计划，提高教学质量。

（三）学生评估

1. 学业成绩预测

通过对学生历史学业成绩、课堂表现、作业完成情况等多维度数据的分析，学校可以预测学生未来的学业发展趋势，提前发现学科难点，为学生提供更精准的学业指导。

预警系统：建立学业成绩预测模型，通过大数据分析学生的学习数据，系统可以及时发现学术问题，提前进行预警并采取干预措施。

2. 教育质量评估

大数据为教育质量评估提供了更科学、客观的手段。通过对学校、教师和学生的多维度数据进行分析，可以更全面地评估教育质量，发现问题并提供改进建议。

教育绩效评估系统：建立教育绩效评估系统，通过大数据分析学校、教师和学生的数据，对教育质量进行评估。这有助于及时发现教学问题、优化教学资源分配，提高教育整体水平。

（四）教育研究

1. 教育政策制定

大数据分析可以帮助决策者更好地了解教育领域的现状和问题，制定更科学、合理的教育政策。

学科发展趋势：通过对学科发展趋势的分析，决策者可以更好地了解未来就业市场对不同学科需求的变化，调整教育政策，更好地满足社会需求。

教育资源配置：大数据分析可以帮助决策者了解不同地区、不同学校教育资源的分布情况，优化资源配置，提高教育均衡性。

2. 教学方法研究

大数据为教学方法研究提供了丰富的数据支持，通过分析学生在不同教学方法下的学习效果，研究者可以更科学地评估教学方法的优劣，推动教育方法的创新。

教学效果评估：通过大数据分析学生在不同教学方法下的学习成绩和学习体验，研究者可以评估教学方法的效果，为教育改革提供依据。

创新教学模式：通过挖掘大数据，研究者可以发现新的教学模式和方法，促进教学的创新和发展。

大数据在教育领域的应用正在深刻地改变着教育的面貌，为学校管理、教学设计、学生评估、教育研究等提供了新的思路和方法。然而，要想更好地发挥大数据的优势，还需要解决隐私安全问题、提高教育从业者的数据能力、改善数据质量等方面的问题。在未来，随着技术的不断发展和应用的深入，大数据将在教育领域发挥更为重要的作用，促进教育的不断创新与进步。

二、学生学习行为数据的收集与分析

随着教育技术的发展和数字化学习环境的普及，学生学习行为数据的收集与分析变得越来越重要。这一过程不仅为教育者提供了更深入的了解学生学习过程的机会，也为个性化教学、教学效果评估以及教育决策提供了数据支持。本部分将深入探讨学生学习行为数据的收集与分析，包括数据收集方法、数据分析工具与技术、应用案例等方面的内容。

（一）学生学习行为数据的收集方法

1. 在线学习平台数据

在线学习平台是收集学生学习行为数据的主要来源之一。这些平台通常记录学生在课程中的各种活动，如观看视频、完成作业、参与讨论等。

视频观看行为：平台可以记录学生观看视频的时间、观看时长以及观看过程中的停顿和回放等信息，从而分析学生对视频内容的理解和关注点。

作业和测验数据：学生在平台上完成的作业和测验可以提供关于他们的学术表现和理解程度的数据，包括正确率、用时等信息。

讨论参与：学生在讨论区的参与情况，包括回复次数、提问次数、参与讨论的主题等，可以反映学生对课程内容的理解和兴趣。

2. 学习管理系统（LMS）数据

学习管理系统是学校、机构用于管理和监控学生学习的平台，也是收集学生学习行为数据的重要途径。

登录和活跃时间：LMS 记录学生的登录时间、活跃时间以及学习时长，这些数据可以反映学生学习的时段和频率。

课程进度：学生在 LMS 上的课程进度、学习轨迹等数据，可以用于分析学生对课程内容的掌握情况和学习路径。

资源点击和下载：LMS 记录了学生对学习资源的点击和下载情况，这可以揭示学生对不同类型资源的偏好和使用习惯。

3. 传感器技术

除了在线平台和学习管理系统，一些教育科技公司和研究机构采用传感器技术来收集学生的生理和行为数据。

眼动追踪：眼动仪可以追踪学生在阅读或观看教学材料时的视线移动情况，从而了解学生对不同部分的注意力分布。

脑电图：脑电图可以记录学生的脑电活动，为研究学生的认知过程提供数据支持。

运动传感器：运动传感器可以用于监测学生的身体活动，例如坐姿、站立时间等，有助于研究学生的学习环境和习惯。

（二）学生学习行为数据的分析工具与技术

1. 数据分析工具

统计软件：传统的统计软件如 SPSS、R 和 Python 中的统计库，可以用于对学生学习行为数据的描述性统计、频率分析等。

数据可视化工具：工具如 Tableau、Power BI 等可以将学生学习行为数据以图表、图形的形式直观地展示，帮助教育者更好地理解数据。

机器学习工具：机器学习算法可以应用于学生学习行为数据的模式识别、预测分析等，如用于预测学生的学术表现、识别学科兴趣等。

2. 数据分析技术

关联分析：通过关联分析，可以找到学生学习行为之间的关联关系，如某一种学习活动是否与学生成绩有关。

聚类分析：聚类分析可以将学生划分为不同的群体，有助于发现学生之间的相似性和差异性，从而进行个性化教学。

时间序列分析：对学生学习行为数据进行时间序列分析，可以揭示学生学习过程中的发展趋势和规律。

（三）学生学习行为数据的应用案例

1. 个性化教学

通过分析学生学习行为数据，教育者可以了解每个学生的学习兴趣、学科偏好、学习节奏等信息，从而为个性化教学提供支持。根据学生的学习路径和行为模式，教育者可以调整教学内容、提供个性化的学习资源，以满足学生的个性化需求。

2. 智能辅导系统

基于学生学习行为数据的分析，可以开发智能辅导系统，通过算法推荐学习资源、提供个性化学习计划、给予实时反馈等方式，为学生提供更有针对性的学习支持。这样的系统可以根据学生的学科水平、学习进度和学科偏好，为每个学生量身定制学习计划，提高学习效果。

3. 学业预测与干预

学生学习行为数据的分析可以用于学业预测，通过建立预测模型，教育者可以提前识别出可能面临学业困难的学生。一旦发现有学生可能遇到学术问题，教育者就可以及时进行干预，提供额外的学术支持、个性化辅导或引导学生参与特定的学科辅导活动。

4. 课程设计与改进

教育者可以通过学生学习行为数据了解到学生对不同教学资源和课程设计的反应。基于这些反馈，可以进行课程设计的改进，调整教学材料的难易程度、优化教学活动的设计，提高教学的质量。例如，如果某个视频资源的点击率较低，教育者可以重新评估其内容或考虑采用其他形式的教学资源。

5. 教育研究

学生学习行为数据的收集与分析为教育研究提供了丰富的素材。研究者可以通过分析学生学习行为数据，深入研究学生的学科兴趣、学科发展轨迹、学习策略等方面的问题。这有助于更好地理解学生的学习过程和行为特点，推动教育研究的深入发展。

学生学习行为数据的收集与分析为教育领域带来了前所未有的机遇与挑战。通过深入分析学生的学习行为，教育者可以更好地理解学生的需求、优化教学流程、提高教学效果。然而，在充分利用学生学习行为数据的同时，我们也要注意解决隐私与伦理问题、确保数据质量与可信度、提升技术能力与培训水平等方面的问题。随着技术的不断发展和教育理念的不断创新，学生学习行为数据的应用将更加深入、全面，为教育体系的优化和创新提供有力支持。在未来，我们可以期待学生学习行为数据的收集与分析成为教育领域中的重要工具，推动教育的不断进步与发展。

三、大数据分析在个性化学习中的应用

随着信息技术的迅猛发展，大数据分析作为一种强大的工具，正被广泛应用于教育领域，尤其是个性化学习。个性化学习旨在根据学生的个体差异，提供量身定制的教育方案，以最大程度地满足每个学生的学习需求。本部分将深入探讨大数据分析在个性化学习中的应用，包括其在学生评估、内容个性化、进度跟踪等方面的具体应用，并讨论其中的挑战和未来发展方向。

（一）学生评估与能力诊断

1. 学习行为分析

大数据分析可以深入挖掘学生在学习过程中的行为数据，包括但不限于：

学习时间分析：分析学生在学习平台上的活跃时间，识别学习高峰和低谷，为合理安排学习计划提供依据。

资源点击与停留时间：了解学生对不同学习资源的关注程度，判断资源的有效性，从而进行更有针对性的内容推送。

作业和测验表现：基于学生的作业和测验数据，分析其掌握知识点的程度，为进一步的个性化辅导提供线索。

2. 能力标签化

通过大数据分析，可以为学生构建个性化的能力标签，涵盖认知能力、学科兴趣、学习风格等方面的信息。这些标签化的能力信息有助于更全面、深入地理解学生，为个性化学习方案的制订提供基础。

3. 学科水平评估

利用大数据分析，可以实现对学生学科水平的精准评估。通过比对学生的学科表现和学科标准，为教育者提供翔实的学科水平评估报告，以便更好地了解学生在各个学科领域的强项和薄弱点。

（二）内容个性化与智能推荐

1. 个性化学习路径

基于学生的学科水平和兴趣，大数据分析可以为每位学生构建个性化的学习路径。这不仅包括学科知识的难度调整，还包括学习资源的类型、教学风格的匹配等方面。通过个性化学习路径的设计，帮助学生更高效地掌握知识。

2. 智能资源推荐

通过分析大量学生的学习历史和学科偏好，系统可以智能地为学生推荐合适的学习资源，包括教材、视频、在线课程等。这种个性化的资源推荐不仅节省学生查找资源的时间，还有助于激发学习兴趣。

3. 自适应学习系统

基于大数据分析的结果，可以构建自适应学习系统，根据学生的实时表现调整教学策略。当学生遇到难题时，系统可以及时调整难度或提供相应的辅导，以促进学生的学习效果。

（三）学习进度跟踪与反馈机制

1. 实时学习进度监控

大数据分析可以实现对学生学习进度的实时监控。通过追踪学生在学习平台上的活动，系统可以准确获取学生当前所处的学习阶段，为教育者提供更精细的学情数据。

2. 预测学习困难

通过对学生学习行为的分析，大数据系统可以预测学生可能遇到的学习困难。一旦检测到学生在某个知识点上出现困难，系统就可以及时发出警报，为教育者提供干预的机会。

3. 反馈机制优化

基于大数据分析的反馈机制可以更加个性化和精准。通过深入了解学生的学习习惯和反馈偏好，系统可以调整反馈的形式和频率，使之更符合学生的接受程度，提高反馈的有效性。

（四）挑战与应对策略

1. 隐私和伦理问题

大数据分析涉及大量的个人学习行为数据，隐私和伦理问题成为不可忽视的方面。为了应对这一问题，需要建立严格的数据安全保护机制，明确数据收集和使用的目的，并尊重学生的隐私权。

2. 数据质量与准确性

学生学习行为数据的准确性和质量直接关系到分析结果的可靠性。建立数据采集的规范流程，采用数据清洗和验证的手段，确保数据的一致性和真实性。

3. 技术能力与培训需求

大数据分析涉及复杂的技术和算法，而教育从业者可能缺乏相关的技术能力。为了解决这一问题，需要提供相关培训和支持，使教育从业者能够更好地理解和利用大数据分析工具。

4. 学生接受度与抵触情绪

部分学生可能对其学习行为被大数据分析感到担忧，产生抵触情绪。因此，需要通过透明的沟通机制，向学生解释大数据分析的目的和好处，建立学生对这一技术的信任感。

5. 教育政策和规范

在大规模应用大数据分析于个性化学习中，需要建立相关的教育政策和规范，明确数据的使用范围和目的，规定数据的保护和共享原则，确保大数据的应用在法律和伦理的框架内进行。

大数据分析在个性化学习中的应用为教育领域带来了创新和变革。通过深入挖掘学生学习行为数据，系统能够更好地理解学生的需求，为其提供个性化、精准的学习支持。然而，随着技术的不断发展，我们需要面对隐私和伦理问题、数据质量与准确性等挑战，通过加强教育者的技术培训、建立相关政策规范等手段来应对。在未来，随着人工智能和深度学习等技术的进一步成熟，个性化学习模式将更加深入人心，从而为每个学生提供更符合其需求的教育体验。

第三节　人工智能技术在教学中的应用

一、人工智能技术在教育中的基本原理

人工智能（Artificial Intelligence，简称 AI）是一门致力于使机器具备智能行为的学科。近年来，随着计算能力的提升和算法的不断创新，人工智能技术在各个领域取得了显著的进展，其中教育领域是人工智能应用的重要方向之一。本部分将深入探讨人工智能技术在教育中的基本原理，包括机器学习、自然语言处理、计算机视觉等核心技术，并阐述这些技术在教育中的具体应用及其带来的影响。

（一）机器学习

机器学习是人工智能的一个重要分支，其基本原理是让机器通过学习经验和数据，从中提取规律和模式，不断优化和改进自身的性能。在教育中，

机器学习可以通过以下几个方面发挥作用。

1. 个性化学习

机器学习算法可以分析学生的学习行为、知识点掌握情况等数据，为每个学生构建个性化的学习路径。通过不断调整学习资源和难度，使学生在最适合自己的情境中学习，提升学习效果。

2. 学生评估与反馈

机器学习可以分析学生的作业、测验成绩，预测学生未来的学习趋势，并提供相应的反馈和建议。这有助于教育者更好地了解学生的学术表现，及时发现问题并进行干预。

3. 智能教辅

基于机器学习的智能教辅系统可以根据学生的学科水平和学科需求，提供个性化的辅导和解答。这种方式不仅能够弥补传统课堂教学的不足，还能够更好地满足学生的学习需求。

4. 教学内容优化

机器学习算法可以分析大量教学数据，识别出教学过程中的有效方法和策略，帮助教育者优化教学内容和方式，提升教学质量。

（二）自然语言处理

自然语言处理（Natural Language Processing，简称 NLP）是人工智能领域的一个重要方向，旨在使计算机能够理解、处理和生成人类语言。在教育中，自然语言处理技术可以应用于以下几个方面。

1. 智能辅导与答疑

利用自然语言处理技术，可以开发智能辅导系统，能够理解学生提出的问题，并以自然语言形式进行回答。这使得学生能够随时随地获得个性化的学习支持。

2. 语音识别技术

语音识别是自然语言处理的一个分支，可以将语音转换为文本。在教育中，语音识别技术可以用于学生的口语评估、语音辅导等场景，提供更多元化的学习体验。

3. 智能阅读与写作辅助

自然语言处理技术可以帮助学生更好地理解阅读材料，提供智能的阅读推荐和摘要生成。同时，它能够用于写作辅助，检查语法错误、提供写作建议，提高学生的写作水平。

（三）计算机视觉

计算机视觉是人工智能的另一个重要分支，其目标是使机器能够模拟人类的视觉系统，从图像或视频中获取信息。在教育中，计算机视觉技术的应用主要体现在以下几个方面。

1. 学生参与度监测

通过摄像头等设备采集学生在课堂上的参与度信息，计算机视觉技术可以实时监测学生的表情、注意力等指标，帮助教育者更好地理解学生的学习状态。

2. 智能考试监控

计算机视觉技术可以用于智能考试监控，通过摄像头监测学生在考试中的行为，减少作弊行为的发生，提高考试的公平性。

3. 实时互动与反馈

借助计算机视觉技术，教育者可以在课堂上实现实时的学生互动与反馈。例如，通过人脸识别技术记录学生的表情，了解他们对教学内容的理解程度，从而调整教学策略。

（四）教育机器人

教育机器人是一种结合人工智能、机器学习、自然语言处理等技术的机器人，专门设计用于教育领域。

1. 人机交互

教育机器人通过人机交互实现与学生的互动，其内置的传感器和摄像头能够感知学生的动作、表情和语音，从而更好地理解学生的需求和情感状态。这种实时的交互能够使学习过程更加生动有趣，提高学生的参与度。

2. 个性化学习支持

教育机器人通过机器学习和自然语言处理等技术，可以为每个学生提供个性化的学习支持。机器人能够根据学生的学习数据和行为，调整教学策略、提供相应的辅导，帮助学生更好地理解和掌握知识。

3. 情感互动

一些先进的教育机器人具备识别和表达情感的能力。它们能够通过分析学生的情感表达，调整自身的表现方式。例如，在学生困惑时提供更加耐心的解释，从而更好地满足学生的情感需求。

4. 实验与实践支持

教育机器人可以与学生一起进行实验和实践活动，提供实时的指导和反馈。通过与机器人的互动，学生可以更好地理解抽象概念、加深对知识的理解，并培养实际操作的能力。

（五）教育数据分析

在人工智能技术的支持下，教育数据分析成为教育管理和教学改进的有力工具。

1. 数据采集

教育数据分析的第一步是数据的采集。通过各种传感器、在线学习平台、教育机器人等设备和工具，收集学生在学习过程中产生的各种数据，包括行为数据、学习轨迹、答题情况等。

2. 数据清洗和处理

采集到的原始数据可能存在噪音和不规范之处，需要进行数据清洗和处理，以确保数据的准确性和一致性。清洗后的数据可以更好地为后续的分析提供可靠的基础。

3. 数据分析和建模

在清洗后的数据基础上，采用各种统计学和机器学习的方法，对学生的学习行为和学术表现进行分析和建模。通过建立模型，可以识别学生的学科水平、学习习惯，预测学生的学习趋势，为个性化学习和教学提供依据。

4. 结果解释和应用

数据分析的结果需要以可理解的方式呈现给教育者、学生及相关利益相关者。解释分析结果，并将其应用于实际教学过程中，以提高教学质量、个性化学习和学生的整体学术表现。

（六）教育智能化系统

教育智能化系统是将各种人工智能技术融合在一起，构建全面的教育支持系统。

1. 多模态数据融合

教育智能化系统可以整合多模态的数据，包括文本、图像、语音等，以更全面、多维度地了解学生的学习状况。这种数据融合有助于建立更为准确的学生画像。

2. 强化学习

强化学习是一种让智能体通过与环境的交互学习如何做出决策的方法。在教育智能化系统中，强化学习可以应用于个性化学习路径的优化、教育机器人的行为调整等方面，以提供更符合学生需求的服务。

3. 智能决策支持

基于人工智能技术的教育智能化系统能够为教育者提供智能决策支持。通过分析大量数据，系统可以为教学管理、学科规划等方面提供科学的决策建议。

4. 自动化教学管理

教育智能化系统可以自动化教学管理流程，包括课程安排、学生跟踪、成绩管理等。这样的自动化能够减轻教育者的管理负担，提高教学效率。

二、个性化学习与人工智能的结合

个性化学习和人工智能是当今教育领域的两大前沿技术，它们的结合为教育提供了前所未有的机会与挑战。个性化学习强调根据学生的个体差异，提供定制化的教育方案，而人工智能通过分析大量的数据、运用机器学习和深度学习等技术，为教育定制提供了新的可能性。本部分将深入探讨个性化学习与人工智能的结合，包括基本原理、应用场景以及未来发展方向。

（一）个性化学习的基本原理

个性化学习的核心理念是“因材施教”，致力于根据学生的学科水平、学习风格、兴趣爱好等个体差异，量身定制教学内容和方法，以提高学习效果。

1. 学生画像

个性化学习首先需要建立学生的画像，这是一个包括学生学科水平、兴趣爱好、学习风格等多维度信息的模型。通过收集和分析学生的各种数据，可以逐渐形成准确、全面的学生画像。

2. 学习路径个性化

基于学生画像，个性化学习系统可以为每个学生设计独特的学习路径。这包括选择合适难度的教材、提供符合学科水平的题目、调整学习进度等，以满足学生个体差异的需求。

3. 即时反馈

个性化学习注重及时反馈，通过实时监测学生的学习行为，系统可以迅速发现学生的困惑点、掌握程度等信息，并及时调整教学策略，提供个性化的辅导和支持。

4. 激发学习兴趣

个性化学习强调激发学生的学习兴趣，通过提供与学生兴趣相关的学习内容、活动和资源，使学习变得更加有趣，增强学生的学习动力。

（二）人工智能在教育中的应用

人工智能技术在教育领域的应用已经涵盖了多个方面，其中包括但不限于以下几个方面。

1. 机器学习

机器学习通过分析学生的学习行为、历史数据等，可以预测学生未来的学习趋势，为个性化学习路径的制定提供依据。同时，机器学习还可用于智能辅导系统，根据学生的反馈和表现，动态调整教学内容和难度。

2. 自然语言处理

自然语言处理技术可用于语音识别、智能辅导和自动评估等场景。通过分析学生的语音交流和书写，系统可以理解学生的问题，提供智能辅导和反馈，实现更加智能化的教学过程。

3. 计算机视觉

计算机视觉技术可以用于监测学生在学习过程中的表现，包括注意力集中程度、表情反应等。这为教育者提供了更多关于学生参与度和情感状态的信息，有助于调整教学策略。

4. 教育机器人

教育机器人作为人工智能在教育中的代表，可以与学生进行互动，提供个性化的学习体验。机器人能够适应学生的学科水平、兴趣爱好，提供更贴近学生需求的教学服务。

（三）个性化学习与人工智能的结合

个性化学习与人工智能的结合为教育带来了革命性的变化。

1. 学生画像的精准性

通过结合人工智能技术，可以更准确地建立学生画像。传统的学生画像主要基于教育者的主观观察和学生的书面作业，而在引入人工智能技术后，系统可以自动分析学生在学习平台上的活动、答题情况、在线互动等数据，更全面地了解学生的学科水平、学习风格以及兴趣爱好，从而构建更为精准的学生画像。

2. 智能化学习路径设计

结合人工智能的个性化学习系统可以更智能、更迅速地为每个学生设计学习路径。通过机器学习算法的分析，系统可以根据学生的实时表现，调整学习内容、难度和进度，确保学生在适合自己水平的学习环境中获得最佳的学习体验。

3. 即时智能反馈

个性化学习与人工智能的结合使得即时反馈变得更加智能化。系统可以通过机器学习算法分析学生的答题情况、解题过程，准确识别学生的错误和困惑点，并提出个性化的解释和建议，使学生能够更快地纠正错误，提升学习效果。

4. 多模态学习支持

结合人工智能的个性化学习系统可以提供更多的多模态学习支持。通过自然语言处理技术，系统能够理解学生的口头提问和表达，通过计算机视觉技术，系统能够感知学生的情感状态和注意力集中程度，从而更全面地支持学生的学习过程。

5. 教育机器人的智能化互动

引入教育机器人作为个性化学习的工具，可以实现更智能化的互动。教育机器人可以根据学生的学科水平和兴趣，提供个性化的问题和答案，模拟真实的学习交流过程，激发学生的学习兴趣和动力。

（四）应用场景

个性化学习与人工智能的结合在教育领域有广泛的应用场景，其中一些典型的案例包括以下几个方面。

1. 智能辅导系统

智能辅导系统是个性化学习与人工智能结合的一个重要应用场景。这些系统通过机器学习算法分析学生的学科水平和学习行为，为每个学生提供个性化的学习路径和即时的学科辅导。

2. 智能化教学平台

结合人工智能技术的智能化教学平台可以自动识别学生的学科瓶颈，根据学生的学科水平和学习风格，提供个性化的教学内容和练习题目，为教育者提供智能化的决策支持。

3. 虚拟实验室与模拟学习

在科学、工程等实验性学科中，结合人工智能的个性化学习系统可以提供虚拟实验室和模拟学习环境。这种环境下，学生可以根据自身兴趣和学科需求，进行虚拟实验，获得更个性化的实践经验。

4. 语音识别与口语培训

通过自然语言处理和语音识别技术，个性化学习系统可以为学生提供个性化的口语培训。系统能够识别学生的口音、发音错误，提供具体的纠正建议，促使学生更好地提高口语水平。

5. 情感互动与心理支持

结合计算机视觉技术，个性化学习系统能够感知学生的情感状态，例如焦虑、困惑等。系统可以根据这些信息调整教学策略，并提供相应的心理支持，使学生在更积极的情绪状态下进行学习。

三、人工智能教育工具的开发与使用

人工智能（AI）技术的迅速发展正在深刻地改变着各行各业，其中教育领域尤为突出。人工智能教育工具的开发与使用成为推动教育创新、提高教学效果的关键因素之一。本部分将深入探讨人工智能教育工具的开发原理、应用场景以及对教育的影响。

（一）人工智能教育工具的开发原理

1. 机器学习与深度学习

人工智能教育工具的核心是基于机器学习和深度学习的算法。机器学习通过对大量数据的学习，使得系统能够发现规律、提取特征，从而更好地理解学生的学习状态。深度学习则是机器学习的一种，通过构建深度神经网络，模拟人类的神经网络结构，实现更复杂、高级的学习和认知任务。

2. 自然语言处理（NLP）

自然语言处理是人工智能教育工具中的重要组成部分，通过 NLP 技术，系统能够理解、分析和生成人类语言。这使得工具能够进行智能辅导、语音识别、写作评估等任务，为语言类学科的学习提供更全面的支持。

3. 计算机视觉

计算机视觉技术使得系统能够处理和理解图像和视频信息。在教育工具中，计算机视觉可以用于学生参与度监测、实时互动与反馈、智能考试监控等方面，提高学习的交互性和效果。

4. 强化学习

强化学习是一种让智能体通过与环境的交互学习如何做出决策的方法。在教育工具中，强化学习可以用于个性化学习路径的优化、教学机器人的行为调整等方面，提供更符合学生需求的服务。

（二）人工智能教育工具的应用场景

1. 个性化学习与智能辅导

人工智能教育工具能够根据学生的学科水平、学习风格、兴趣爱好等因素，为每个学生提供个性化的学习路径和智能辅导。通过分析学生的学习行为和答题情况，系统可以实时调整教学内容和难度，提升学生的学习效果。

2. 语音识别与口语培训

语音识别技术使得人工智能教育工具能够理解学生的口头表达，进行口语评估和培训。系统能够纠正学生的发音错误、提供语法建议，提高学生的口语水平，促进语言类学科的学习。

3. 智能化教学平台

人工智能教育工具构建了智能化的教学平台，为教育者提供智能决策支持。系统通过分析学生的学习数据，提供关于教学质量、学科规划等方面的建议，帮助教育者更好地调整教学策略和管理学生学习过程。智能化教学平台可以自动化教学管理流程，包括课程安排、学生跟踪、成绩管理等，提高教学效率，使教育者能够更专注于个性化教学。

4. 虚拟实验室与模拟学习

在科学、工程等实验性学科中，人工智能教育工具可以提供虚拟实验室和模拟学习环境。这使学生能够在虚拟环境中进行实验，进行安全、可控的实践活动，更好地培养学生理解抽象概念和培养实际操作能力。

5. 智能考试监控

人工智能教育工具通过计算机视觉技术可以进行智能考试监控。系统能够实时监测学生在考试中的行为，识别作弊行为，确保考试的公平性和诚信性。

6. 情感互动与心理支持

部分人工智能教育工具具备情感识别功能，可以通过分析学生的面部表情、语音语调等信息，感知学生的情感状态。这使得系统能够调整教学策略，提供相应的心理支持，更好地满足学生的情感需求。

（三）人工智能教育工具的影响

1. 提升学习效果

个性化学习、智能辅导等功能使人工智能教育工具能够更好地适应学生的个体差异，提供更符合学生需求的学习路径和教学资源，从而提升学习效果。

2. 拓展学科边界

虚拟实验室、模拟学习等功能能够拓展学科边界，为学生提供更多实践经验。通过这些工具，学生可以在虚拟环境中探索不同的学科领域，促进跨学科学习。

3. 提高教育效率

智能化教学平台和自动化教学管理能够提高教育效率。教育者可以更快速、精准地获取学生的学习状态，及时调整教学策略，提供更好的教学服务。

4. 引发教育变革

人工智能教育工具的应用引发了教育模式的变革。传统的“一刀切”教学模式逐渐被个性化、智能化的教学方式替代，教学变得更加灵活、多样化。

5. 提升教育公平性

通过个性化学习，人工智能教育工具有望提升教育公平性。它能够更好地满足不同学生的需求，缩短因个体差异而导致的学习差距，促进教育资源的公平分配。

（四）挑战与未来展望

1. 隐私和数据安全问题

随着人工智能教育工具的发展，隐私和数据安全问题成为一个日益突出的挑战。大量学生数据的采集和存储可能引发隐私泄露、滥用等问题，未来需要建立更为严格的隐私保护法规和标准。

2. 技术的可解释性

目前许多人工智能算法，尤其是深度学习模型，往往被视为“黑盒子”，难以解释其决策过程。这使得教育者和学生对工具的信任度下降。未来需要加强对技术可解释性的研究，提高系统决策的透明性。

3. 教师培训和适应

教师在使用人工智能教育工具时需要具备相关的技术素养。然而，目前教育者的培训程度参差不齐，未来需要加强教师培训，提高其使用人工智能教育工具的能力。

4. 社会接受度

人工智能教育工具的广泛应用需社会的认可和接受。公众对于这些工具的认知程度、对教育改革的态度都会影响其推广和使用。因此，未来需要加强社会教育，提高公众对人工智能教育工具的理解和接受度。

5. 学科边缘和创新应用

人工智能教育工具虽然在许多方面取得了显著成就，但在一些学科边缘和创新应用领域仍面临挑战。在未来，需要不断推动人工智能技术在更多学科和领域的创新应用，以满足不同学科的需求。

人工智能教育工具的开发与使用为教育领域带来了深远的影响。通过机器学习、自然语言处理、计算机视觉等先进技术的整合，这些工具能够更好地满足学生的个性化需求，提高学习效果，推动教育模式的创新。

然而，伴随着技术的发展，人工智能教育工具面临一系列的挑战，包括隐私和数据安全、技术可解释性、教师培训和社会接受度等问题。解决这些问题需要全社会的共同努力，包括政府、教育机构、科技企业和公众。

未来，人工智能教育工具有望在更多领域实现创新应用，提升教育的效率和质量。随着技术的不断发展，我们有望看到更智能、更具个性化、更贴近学生需求的教育工具的涌现，为培养具有创新能力和综合素质的学生做出更大的贡献。

在推动人工智能教育工具的发展过程中，需关注伦理道德、公平正义等价值观，确保技术的应用能够真正造福全社会。只有在充分考虑教育公平、隐私保护和社会伦理等方面的因素下，人工智能教育工具才能真正发挥其巨大潜力，为构建更具包容性和创新性的教育生态做出贡献。

第四节　虚拟现实与增强现实在计算机教育的实践

一、虚拟现实技术在计算机教育中的应用场景

虚拟现实（VR）技术是一种通过计算机技术模拟出的近乎真实的虚拟环境，为用户提供身临其境的感觉。近年来，虚拟现实技术在各个领域的应用不断扩展，其中计算机教育是一个备受关注的领域。本书将深入探讨虚拟现实技术在计算机教育中的应用场景，包括虚拟实验室、编程培训、模拟开发环境等方面。

（一）虚拟实验室

1. 背景与挑战

传统的实验室教学往往受限于物理设备、空间和安全等方面的限制，而虚拟实验室则能够在虚拟环境中模拟各种实验场景，为学生提供更广泛的实践经验。虚拟实验室的出现旨在解决实验教学面临的种种挑战，如设备成本高昂、实验材料难以获得、实验室时间有限等问题。

2. 应用场景

（1）虚拟化学实验

通过虚拟现实技术，学生可以在虚拟环境中进行化学实验，观察反应过

程、调整实验条件，并在模拟环境中获得实验数据。这种方式不仅能够提高学生的实验操作能力，还能够降低实验风险，使实验更加安全。

（2）虚拟物理实验

在物理学科中，虚拟实验可以模拟各种物理现象，如力学、光学、电磁学等。学生可以通过虚拟环境中的交互性实验，更好地理解物理规律，加深对抽象概念的理解。

（3）虚拟计算机网络实验

在计算机网络领域，虚拟实验室能够模拟网络拓扑结构，使学生能够在虚拟网络环境中进行网络配置、故障排除等操作。这种虚拟实验方式可以降低网络设备的成本，同时为学生提供更灵活、实用的网络实验环境。

3. 教学效果评估

虚拟实验室的教学效果评估是关键问题之一。通过数据分析、学生反馈等方式，可以对虚拟实验室的使用效果进行评估。比较传统实验室和虚拟实验室的教学效果，可以得出虚拟实验室在知识掌握、实验技能、兴趣培养等方面的优势。

（二）虚拟编程培训

1. 背景与需求

编程是计算机教育的核心内容之一，而传统的编程教学往往受制于教学环境、设备等方面的限制。虚拟现实技术为编程培训提供了全新的可能性，使学生能够在虚拟世界中进行编程实践，提高编程技能。

2. 应用场景

（1）虚拟编程实践

通过虚拟现实技术，学生可以进入一个虚拟的编程环境，在这个环境中进行实际的编程练习。这种方式使得学生能够更加直观地理解编程语言的运作方式，加深对代码结构和逻辑的理解。

（2）虚拟项目开发

在虚拟环境中，学生可以参与虚拟项目开发，模拟真实的软件开发过程。这包括需求分析、设计、编码、测试等各个阶段，学生可以在虚拟环境中协作编写代码、解决问题，模拟团队协作的场景。这种虚拟项目开发的方式有助于培养学生的团队协作能力和实际问题的解决能力。

（3）虚拟调试与优化

虚拟现实技术还可以提供虚拟调试与优化的场景。学生可以在虚拟环境中模拟程序的运行过程，检测并解决潜在的问题，进行性能优化。这样的实践能够使学生更深入地理解代码的执行过程，并提高解决实际问题的能力。

3. 学习效果与评估

通过虚拟编程培训，学生能够获得更具体、更实际的编程经验，从而提升学习效果。教育者可以通过学生在虚拟环境中的表现、编写的代码质量等方面来评估学习效果。比较传统编程教学和虚拟编程培训的差异，可以更全面地了解学生的学习情况。

（三）虚拟模拟开发环境

1. 背景与需求

在计算机科学与工程领域，实际的开发环境通常需要大量的硬件设备和软件配置，而学校或学习者可能难以提供这样的环境。虚拟模拟开发环境的出现弥补了这一不足，使学生能够在虚拟环境中进行真实的开发实践，无需过多的硬件投入。

2. 应用场景

（1）虚拟服务器与云开发

通过虚拟现实技术，学生可以在虚拟服务器环境中模拟实际的云开发场景。他们可以配置虚拟服务器、部署应用程序，体验云开发的整个流程。这样的实践使学生更好地理解云计算和分布式系统的原理。

（2）虚拟集成开发环境（IDE）

虚拟 IDE 允许学生在虚拟环境中进行编码、调试、版本控制等操作，无需在本地安装大量的开发工具。这种虚拟化的开发环境可以极大地简化学生的学习和实践过程，降低学习门槛。

（3）虚拟数据库管理

在数据库管理方面，虚拟环境可以提供模拟数据库系统的场景。学生可以通过虚拟环境进行数据库设计、表的创建、查询优化等操作，获得更贴近实际的数据库管理经验。

3. 教学效果评估

虚拟模拟开发环境的教学效果评估主要体现在学生对实际开发工作流程

的理解和应用能力上。通过比对学生在虚拟环境和实际开发环境中的表现，可以评估虚拟环境对学生的帮助程度。同时，学生在虚拟环境中完成的项目、代码质量等也是评估的重要指标。

虚拟现实技术在计算机教育中的应用为学生提供了更为沉浸式、实践性的学习体验。从虚拟实验室到虚拟编程培训再到虚拟模拟开发环境，这一系列的应用场景丰富了计算机教育的形式，促进了学科知识的深入理解和实际应用能力的培养。

然而，虚拟现实技术在计算机教育中的应用还需要面对一系列的挑战，包括技术成本、硬件设备更新迭代、学习效果评估等问题。在未来的发展中，需加强技术创新、教育研究，促进虚拟现实技术与计算机教育的更深度融合，以更好地服务于学生和教育者，推动计算机教育的不断进步。

二、虚拟实验室的设计与实施

随着科技的不断发展，虚拟实验室作为一种新型的实验教学方式，逐渐受到教育界的关注与重视。虚拟实验室通过借助计算机技术，模拟实际实验过程，为学生提供了更加安全、灵活、可控的实验环境。本部分将深入探讨虚拟实验室的设计与实施，包括虚拟实验室的构建、教学资源的开发、实验环境的设计等方面。

（一）虚拟实验室的构建

1. 技术基础

虚拟实验室的构建首先需要一定的技术基础，包括计算机图形学、虚拟现实技术、模拟仿真技术等方面的知识。借助这些技术，可以实现对实验场景、实验仪器、实验过程的高度还原，提供更真实的实验体验。

2. 虚拟现实设备

虚拟实验室通常需要使用虚拟现实设备，如头戴式显示器、手柄控制器等。这些设备能够提供沉浸式的虚拟环境，使学生感觉自己置身于实际实验室中。同时，虚拟现实设备的发展为虚拟实验室的构建提供了更多可能性，如手势交互、空间定位等功能的应用。

3. 虚拟化技术

虚拟化技术是构建虚拟实验室的关键，通过虚拟化技术可以实现对实验环境的隔离与模拟。这包括虚拟机技术、容器技术等，能够确保每位学生在虚拟实验室中都拥有独立的实验环境，不会相互干扰。

4. 数据采集与处理

虚拟实验室的设计需要考虑数据采集与处理的问题。传感器技术、实验仪器的虚拟化等手段可以帮助收集学生在虚拟实验中产生的数据，包括实验数据、操作过程等。这些数据对后续的教学评估和学生反馈至关重要。

（二）虚拟实验室的教学资源开发

1. 实验场景建模

虚拟实验室的设计需要对实验场景进行精确的建模。这包括实验室的空间结构、仪器设备的外观与功能等方面。采用计算机辅助设计（CAD）技术，可以实现对实验场景的三维建模，提高虚拟实验室的真实感。

2. 虚拟实验内容设计

在虚拟实验室中，实验内容的设计是至关重要的一环。这需要借助学科知识、教育学原理等方面的专业知识，确保虚拟实验既符合教学大纲要求，又能够激发学生的兴趣。实验内容的设计应当包括实验的目的、步骤、操作注意事项等方面的详细说明。

3. 虚拟化实验数据

虚拟实验室不仅能够模拟实验过程，还可以生成虚拟化的实验数据。通过模拟不同条件下的实验结果，学生可以更好地理解实验原理，培养实验设计和数据分析的能力。同时虚拟化的实验数据有助于学生进行错误分析和改进实验设计。

4. 多媒体教学资源

为了提升虚拟实验室的教学效果，设计者可以充分利用多媒体教学资源。包括实验视频、模拟实验演示、交互式教程等，这些资源可以在学生学习过程中提供更丰富、生动的信息呈现方式，增加学习的趣味性。

（三）虚拟实验室的实施

1. 教学平台搭建

虚拟实验室的实施需要建立相应的教学平台。这包括搭建虚拟实验室系统、整合实验资源、配置虚拟环境等。教学平台的建设应当注重易用性，确保学生和教师能够方便地进入虚拟实验室进行学习和教学。

2. 学生端设备准备

在实施虚拟实验室时，学生端需要配备相应的虚拟现实设备。这包括头戴显示器、手柄控制器等硬件设备，确保学生能够获得沉浸式的虚拟实验体验。学生端设备的选用需要考虑成本、兼容性等因素，以保障广大学生的参与。

3. 虚拟实验室的网络与服务器配置

虚拟实验室的实施需要建立稳定且高效的网络与服务器架构。网络的质量对学生在虚拟实验室中的实时体验至关重要。同时，服务器的性能和稳定性决定了虚拟实验环境的流畅度。选择适当的云服务提供商、配置高性能服务器，以及进行负载均衡等技术手段都是确保虚拟实验室正常运行的关键因素。

4. 安全与管理

虚拟实验室的实施过程中，安全性和管理性是不可忽视的问题。为了确保学生在虚拟实验室中的安全，应当采取一系列的措施，包括数据隔离、身份验证、实验环境监控等。同时，建立完善的管理系统，包括学生数据管理、教学资源更新、教学效果评估等，能够提高虚拟实验室的管理效率。

5. 师资培训与支持

教师在虚拟实验室中的角色同样至关重要。为了确保教师能够充分发挥虚拟实验室的教学效果，需要提供相关的师资培训。培训内容包括虚拟实验室的使用方法、实验环境的监控与管理、学生数据的分析与评估等。此外，建立一套完善的技术支持系统，及时解决教师在使用虚拟实验室过程中遇到的问题，提高教师的使用体验。

（四）虚拟实验室的教学效果评估

虚拟实验室的教学效果评估是虚拟实验室建设的重要环节。评估的指标包括但不限于以下几点。

1. 学科知识掌握程度

通过比对学生在虚拟实验室和传统实验室中的知识掌握程度，评估虚拟实验室对学科知识的教学效果。

2. 实验操作技能

考查学生在虚拟实验室中的实验操作技能，包括仪器使用、实验步骤掌握等方面，以评估虚拟实验室对实际操作能力的培养。

3. 兴趣和参与度

通过学生的反馈、问卷调查等方式，评估学生对虚拟实验室的兴趣和参与度，从而了解学生对虚拟实验的态度。

4. 错误分析与改进

分析学生在虚拟实验室中可能出现的错误，包括实验设计、数据处理等方面的错误，以及学生对于错误的改进能力。

5. 教学效率与资源利用

比较虚拟实验室与传统实验室在教学效率和资源利用方面的差异，包括时间利用、实验设备利用率等。

虚拟实验室的设计与实施是一项复杂而富有挑战性的任务。通过技术基础的构建、教学资源的开发、教学平台的搭建、师资培训与支持等多方面的努力，虚拟实验室可以成为推动实验教学创新的有效工具。通过对实验场景的精准建模、虚拟化技术的运用，学生可以在安全的环境中进行实验操作，提高实验数据的收集和分析能力。同时，虚拟实验室为学校提供了更加灵活、经济的实验教学解决方案。

然而，虚拟实验室的推广和实施仍然面临一系列的挑战，包括技术水平的提升、硬件设备的成本、网络和服务器的稳定性等。解决这些挑战需要综合运用技术手段、教育资源和政策支持，推动虚拟实验室的发展。

未来，随着虚拟技术、云计算、人工智能等技术的不断进步，虚拟实验室将迎来更为广阔的发展前景。跨学科整合、个性化学习、全球化合作等方向将为虚拟实验室的创新提供更多可能性。同时，对虚拟实验数据的深入研究将为教育研究和教学质量评估提供更为丰富的信息。

在应对未来挑战的同时，学术界、教育机构和企业应共同努力，促进虚拟实验室的发展，以提高学生的实验操作能力、培养创新思维，为培养具有实践能力的人才做出积极贡献。虚拟实验室的设计与实施不仅仅是技术问题，更是对教育创新的有力支持，可以为学生提供更富有趣味性、安全性和实用性的实验学习体验。

第五节　移动学习与应用

一、移动学习的基本概念与特点

移动学习（Mobile Learning，简称 m-learning）是一种利用移动技术支持学习的教育方式。随着移动设备的普及和技术的不断进步，移动学习成为现代教育领域中备受关注的研究和应用方向。本部分将探讨移动学习的基本概念和特点，以及其在教育中的应用和未来发展趋势。

（一）移动学习的基本概念

1. 定义

移动学习是指通过移动设备（如智能手机、平板电脑、笔记本电脑等）进行学习活动的过程。它不仅仅是传统学习方式的延伸，还是一种基于移动技术的全新学习模式。移动学习的定义包括了学习者在任何时间、任何地点都能够通过移动设备获取学习资源、参与学习活动的概念。

2. 特点

移动学习具有以下几个显著特点。

（1）时空灵活性

学习者可以随时随地通过移动设备进行学习，不再受限于传统教室的时间和地点。这种时空灵活性使得学习更加便捷和个性化。

（2）个性化学习

移动学习平台可以根据学习者的兴趣、水平和学习风格提供个性化的学习内容和任务，使学习更加有针对性和高效。

（3）多样化的学习资源

通过移动学习，学习者可以获取到丰富多样的学习资源，包括文字、图片、音频、视频等形式，从而更全面地理解和掌握知识。

（4）互动性和社交性

移动学习平台通常具有强大的互动和社交功能，学习者可以通过在线讨论、协作学习等方式与其他学习者进行交流和合作，促进学习效果的提升。

（二）移动学习的特点

1. 移动设备的普及

随着智能手机、平板电脑等移动设备的普及，学习者几乎随时随地都能够方便地进行学习。这使得移动学习成为一种高度可行的学习方式。

2. 多样性的学习应用

移动学习的应用涵盖了各个领域，包括但不限于语言学习、职业培训、学科知识学习等。无论是学校教育还是企业培训，都能够通过移动学习实现更灵活、高效的教学。

3. 移动学习平台的发展

随着移动学习的兴起，各种移动学习平台如 Khan Academy、Coursera、edX 等相继出现，为学习者提供了丰富的学习资源和在线课程，推动了移动学习的发展。

4. 个性化学习体验

移动学习平台通过数据分析和人工智能技术，能够为每个学习者提供个性化的学习路径和内容，可以满足不同学习者的需求，提升学习的效果。

5. 移动学习的互动性

移动学习注重互动和参与，通过在线讨论、即时反馈等方式，促进学习者之间的互动和合作，提高学习的趣味性和深度。

（三）移动学习在教育中的应用

1. 学校教育

在学校教育中，移动学习可以作为课堂教学的补充，学生可以通过移动设备获取更多学习资源，进行个性化学习，并与老师和同学进行更紧密的互动。

2. 职业培训

企业可以利用移动学习平台为员工提供灵活的培训方案，使员工随时随地进行专业知识的学习，从而提高企业整体的竞争力。

3. 在线课程

各类在线教育平台提供了丰富多样的在线课程，学习者可以通过移动设备随时随地参与这些课程，获得高质量的学习体验。

4. 语言学习

移动学习在语言学习中有着广泛的应用，学习者可以通过语音识别、在线交流等方式提高语言水平，拓展语言应用能力。

（四）移动学习的未来发展趋势

1. 智能化和个性化

随着人工智能技术的发展，移动学习将更加智能化和个性化，能够根据学习者的认知特点和学习状态调整教学策略，提供更加个性化的学习体验。智能化系统可以通过分析学习者的学习行为和表现，为其推荐更合适的学习内容，调整学习难度，提供个性化的学习路径，以更好地满足学生的学习需求。

2. 虚拟和增强现实的整合

虚拟现实（VR）和增强现实（AR）技术的不断进步将进一步改变移动学习的面貌。通过虚拟现实技术，学习者可以沉浸于虚拟学习环境中，增强学习的实际感和体验感。增强现实技术则可以将学习内容与现实世界结合，提供更加直观的学习体验。

3. 社交学习的加强

未来移动学习平台将更加注重社交学习的设计。通过社交媒体、在线协作工具以及实时互动功能，学习者能够更好地分享知识、讨论问题、合作项目，从而促进学习社区的建设，提高学习者的参与度和学习效果。

4. 大数据分析的运用

大数据分析将成为移动学习的重要组成部分。通过分析学习者的数据，包括学习行为、学习成绩、时间分布等，系统可以更好地理解学生的学习习惯和需求，提供更精准的个性化建议和反馈。

5. 移动学习的国际化

随着全球化的推进，移动学习将越来越注重国际化。学习者可以通过移动设备参与来自世界各地的在线课程，与来自不同文化背景的学习者进行交流，拓宽视野，提高其国际竞争力。

6. 安全性和隐私保护

随着移动学习的普及，安全性和隐私保护将成为一个重要的关注点。未来的移动学习平台需要加强对学习者个人信息的保护，确保学习者在使用移动学习服务时能够获得安全的学习环境。

7. 政策和法规的支持

为了推动移动学习的健康发展，政府和相关机构需要出台相应的政策和法规，规范移动学习平台的运作，保障学习者的权益，促进教育资源的公平分配。

移动学习作为一种基于移动技术的新型学习方式，已经在教育领域取得了显著的成就，其时空灵活性、个性化学习、多样化学习资源等特点使得学习变得更加便捷和高效。在未来，移动学习将继续发展，智能化、虚拟增强现实的整合、社交学习的加强等趋势将进一步丰富和改进移动学习的教学模式。同时，安全性和隐私保护、国际化、政策法规的支持等问题需要得到关注和解决。通过不断创新和发展，移动学习有望为更多学习者提供更优质、个性化的学习体验，推动教育的全面发展。

二、移动学习平台的设计与建设

移动学习平台的设计与建设是一个涉及多方面知识和技术的综合性任务。这包括了用户体验设计、移动应用开发、教育内容管理、数据分析等方面。本部分将深入探讨移动学习平台的设计与建设过程，从需求分析、架构设计、用户体验、安全性等方面展开讨论。

（一）需求分析

在设计和建设移动学习平台之前，首先需要进行详细的需求分析，明确平台的目标、受众群体、功能模块等方面的要求。

1. 目标设定

确定移动学习平台的主要目标是关键的一步。是提供在线课程、支持学生学业管理，还是为企业提供员工培训服务，设定清晰的目标有助于明确功能需求和优先级。

2. 受众群体

明确移动学习平台的受众群体，包括学生、教师、企业员工等。了解他们的需求、使用习惯和技术水平，以便设计出更符合实际需求的平台。

3. 功能需求

根据目标和受众群体的特点，明确平台的功能需求。可能包括在线课程管理、作业发布与提交、学习资源库、互动社交功能、学习分析等方面。

4. 移动设备适配

考虑到移动学习的特点，确保平台能够良好地适配各类移动设备，包括手机、平板等，并提供友好的用户界面和交互设计。

（二）架构设计

移动学习平台的架构设计是保证平台稳定性、扩展性和安全性的基础。以下是一些关键的架构设计原则。

1. 多层架构

采用多层架构，包括前端、后端、数据库等层次，以便实现各个模块的独立开发和维护。这有助于提高系统的可维护性和可扩展性。

2. 云服务

考虑采用云服务来提高系统的弹性和稳定性。云服务可以提供高可用性、弹性扩展、数据备份等功能，同时减轻了对硬件和基础设施的管理负担。

3.API 设计

设计清晰的 API 接口，以支持各种客户端的接入，包括 Web 端、iOS 端、Android 端等。这有助于实现跨平台的开发和提高系统的灵活性。

4. 安全设计

在架构设计中充分考虑系统的安全性，采用合适的加密算法、身份验证机制，确保用户数据的隐私和安全。

（三）用户体验设计

良好的用户体验是移动学习平台成功的重要因素。以下是一些用户体验设计的关键考虑点。

1. 界面设计

设计简洁直观的用户界面，保证用户能够轻松地找到所需功能。使用合适的颜色、图标和排版，确保在移动设备上也能够提供良好的用户体验。

2. 响应式设计

采用响应式设计，确保平台在不同尺寸和分辨率的移动设备上都能够良好地展示，并提供流畅的交互体验。

3. 个性化推荐

利用学习者的历史数据和行为分析，为每个用户提供个性化的课程推荐和学习路径，提高学习的效果和兴趣。

4. 互动性设计

加入社交互动元素，如在线讨论、协作学习等，提高学习者之间的交流和合作，增加学习的趣味性。

（四）开发与测试

在进行开发和测试阶段，需要采用合适的开发方法和工具，确保平台的质量和稳定性。

1. 敏捷开发

采用敏捷开发方法，将开发过程分为短周期的迭代，及时获取用户反馈并快速调整。这有助于适应需求的变化和提高开发效率。

2. 自动化测试

使用自动化测试工具，对系统的各个功能模块进行全面的测试，包括单元测试、集成测试、系统测试等，确保系统的稳定性和功能完整性。

3. 安全测试

进行安全性测试，检测潜在的安全漏洞，并及时修复。这包括对用户数据的加密、身份验证的安全性、防范常见的网络攻击等方面。

4. 用户反馈

在测试阶段，通过用户反馈收集问题和建议，及时进行改进。这有助于确保平台符合用户期望，并提高用户满意度。

（五）部署与维护

平台的部署和维护是保障系统正常运行的重要环节。以下是一些关键的部署和维护策略。

1. 云部署

考虑采用云部署方案，选择可靠的云服务提供商，确保平台具有高可用性和弹性扩展性。云服务还能够提供灵活的计费方式和方便的资源管理。

2. 定期备份

定期进行数据备份，确保在发生意外情况时能够及时恢复数据。备份应包括用户信息、学习记录、课程内容等重要数据。

3. 系统监控

建立系统监控机制，对关键性能指标进行实时监测，及时发现和解决潜在问题。监控可以涵盖服务器负载、数据库性能、用户访问情况等方面。

4. 定期更新

定期发布平台更新，修复已知问题、改进用户体验，并及时适应新的技术发展。更新前应进行充分的测试，以确保新版本的稳定性。

5. 安全更新

定期进行安全更新，确保平台使用的软件和库都是最新且安全的版本。及时修补已知漏洞，提高系统的安全性。

6. 用户支持与培训

提供及时的用户支持，建立用户服务中心，解答用户疑问、处理问题反馈。同时，为新用户提供详细的平台使用指南和培训资料，降低学习曲线。

（六）数据分析与优化

数据分析对于移动学习平台的优化和提升用户体验至关重要。以下是一些关键的数据分析和优化策略。

1. 学习行为分析

通过分析学习者的行为数据，包括学习时间、浏览路径、参与互动等，了解学习者的习惯和兴趣，为个性化推荐提供数据支持。

2. 学习成绩分析

分析学习者的考试和作业成绩，识别学习者的优势和劣势，为教学提供有针对性的改进和支持。

3. 用户满意度调查

定期进行用户满意度调查，收集用户对平台的意见和建议。这有助于发现用户体验方面的问题并进行改进。

4. 系统性能监测

监测平台的性能数据，包括响应时间、服务器负载等，及时发现并解决潜在的性能问题，提高系统的稳定性。

5. 课程效果评估

通过评估在线课程的效果，包括学习者的参与度、知识掌握程度等，为课程设计和改进提供数据支持。

（七）安全性保障

移动学习平台的安全性是用户信任的基石。以下是一些关键的安全性保障策略。

1. 数据加密

采用强大的数据加密算法，确保用户数据在传输和存储过程中的安全。这包括用户身份信息、学习记录等敏感数据。

2. 身份认证

实施有效的身份认证机制，包括多因素认证，确保只有合法用户能够访问敏感信息和进行敏感操作。

3. 防火墙和安全策略

部署防火墙和其他安全策略，限制未授权访问和防范常见的网络攻击，如 SQL 注入、跨站脚本攻击等。

4. 安全审计

进行安全审计，记录关键操作和事件，及时发现和追踪潜在的安全威胁，保障平台的安全性。

5. 定期安全漏洞扫描

定期进行安全漏洞扫描，及时发现和修复可能存在的漏洞，降低系统被攻击的风险。

移动学习平台的设计与建设是一个综合性的任务，需要综合考虑需求分析、架构设计、用户体验、安全性、数据分析等多个方面。在不断变化的教育和科技环境中，平台的设计需要不断地适应新的技术和教育理念，以更好地满足学生和教师的需求，提升学习效果。通过注重用户体验、智能化的发展、安全性的保障以及对未来趋势的敏感把握，移动学习平台将为教育提供更为便捷、个性化和丰富的学习方式，推动教育领域的创新和进步。

三、移动学习在计算机教育中的实际应用

随着移动技术的迅猛发展，移动学习在各个领域都得到了广泛应用，而在计算机教育领域中，移动学习更是展现了强大的潜力。本部分将深入探讨移动学习在计算机教育中的实际应用，包括其在课程设计、学习资源获取、实践训练等方面的具体应用场景。

（一）移动学习在计算机教育中的背景

1. 移动学习的定义

移动学习是利用移动技术进行学习活动的一种教育方式。通过智能手机、平板电脑、笔记本电脑等移动设备，学生可以在任何时间、任何地点获取学习资源，参与课程学习，实现学习的时空自由。

2. 计算机教育的需求

计算机科学与技术的快速发展使得计算机教育日益受到关注。传统的课堂教学难以满足学生对实时信息和更灵活学习方式的需求，而移动学习的引入为计算机教育提供了更多可能性。

（二）移动学习在计算机教育中的应用场景

1. 课程设计与开发

移动学习为计算机课程的设计与开发提供了新的思路。教师可以借助移动应用平台，设计更为生动、互动的教学内容。通过利用移动设备的传感器、摄像头等功能，设计与计算机相关的实践案例，增强学生对理论知识的理解。

2. 学习资源获取与分享

在计算机教育中，学习资源的及时获取对学生的学习至关重要。移动学习平台可以提供即时更新的学习资源，包括最新的科研成果、编程范例、开发工具等。同时，学生可以通过移动学习平台分享自己的学习心得、项目经验，促进学科内的信息共享与交流。

3. 实践训练与编程练习

计算机教育注重实践能力的培养，而移动学习可以为实践训练提供更加便捷的途径。通过移动设备，学生可以随时随地进行编程练习、实验操作，完成各类计算机科学任务。一些交互式学习应用能够提供实时的反馈，帮助

学生纠正错误，加深其对计算机科学原理的理解。

4. 远程协作与项目管理

计算机项目通常需要多人协作，而移动学习平台可以促进学生之间的远程协作。通过在线讨论、项目管理应用，学生可以分工合作，完成计算机项目。这种协作方式有助于培养学生的团队协作和沟通能力，提高其在实际工作中的协同能力。

5. 实时更新与行业动态

计算机科学与技术是一个快速发展的领域，行业动态和最新技术的学习对于学生至关重要。通过移动学习，学生可以随时获取到最新的行业动态、技术更新、创新案例等信息，使他们始终保持对行业的敏感性和学科的前沿性。

（三）移动学习在计算机教育中的实际案例

1. 编程学习应用

许多移动应用专注于编程学习，为计算机教育提供了便利。例如，SoloLearn 是一款面向程序员的移动学习应用，提供了丰富的编程课程、实践编码环境，以及社区交流平台，帮助学生在移动端进行高效的编程学习。

2. 虚拟实验室

移动学习平台可以整合虚拟实验室，为计算机教育提供更为真实的实践体验。例如，一些应用通过模拟计算机网络、数据库操作等实验，让学生能够在移动设备上进行虚拟实验，巩固理论知识。

3. 在线课程平台

诸如 Coursera、edX 等在线课程平台也提供了移动学习的途径。这些平台汇聚了来自世界各地的计算机领域的顶尖教育资源，学生可以通过移动设备参与这些高质量的在线计算机课程，实现全球化学习。

4. 项目管理与协作应用

针对计算机项目的团队协作，移动学习平台也提供了一些项目管理与协作应用。例如，Trello、Asana 等应用可以让学生通过移动设备随时随地进行项目进度管理和团队协作。

5. 实时更新和行业资讯应用

移动学习平台通过整合实时更新和行业资讯应用，为计算机教育提供了更及时的行业动态。学生可以使用移动设备订阅相关的科技新闻、技术博客、社交媒体账号，随时了解最新的技术趋势、创新项目以及行业动向，从而保持对计算机科学领域的关注。

6. 智能学习助手

一些移动学习应用引入了智能学习助手，利用人工智能技术为学生提供个性化的学习建议。这些助手根据学生的学习历史、偏好和弱点，推荐适合他们的课程、练习和学习资料，提高学习效果。

（四）移动学习在计算机教育中的优势

1. 时空灵活性

移动学习为计算机教育带来了时空灵活性。学生可以在任何地点、任何时间通过移动设备获取学习资源，不再受制于传统教室和固定时间，更好地适应学生的个体差异和学习节奏。

2. 个性化学习

通过智能学习助手和个性化推荐系统，移动学习平台可以根据学生的学科背景、兴趣爱好、学习习惯等因素，提供量身定制的学习内容和路径。这有助于激发学生的学习兴趣，提高学习动机。

3. 互动性与社交性

移动学习平台通过在线讨论、社交功能等设计，增强了学生之间的互动和交流。学生可以在虚拟学习社区中分享经验、提问问题，形成学习社群，促进彼此之间的合作与交流。

4. 实时反馈

一些移动学习应用提供实时反馈机制，帮助学生及时发现和纠正错误。通过练习题的自动批改、实验的实时模拟等功能，学生能够更迅速地了解自己的学习进度，提高学习效率。

5. 跨平台适配

移动学习平台通常具备跨平台适配的能力，可以在各种移动设备上运行，包括智能手机、平板电脑、笔记本电脑等。这为学生提供了更大的灵活性，使他们可以选择最适合自己习惯和设备的学习方式。

6. 激发学习兴趣

通过引入虚拟实验室、互动性的学习应用，移动学习平台能够更生动地呈现计算机科学的知识，激发学生的学习兴趣。这种活跃的学习氛围有助于培养学生的创造力和实践能力。

7. 行业动态实时更新

移动学习平台整合了行业动态实时更新的特点，使学生能够更及时地了解行业最新的技术、发展趋势和创新项目。这有助于学生紧跟科技的发展，增强就业竞争力。

移动学习在计算机教育领域的实际应用为学生提供了更加灵活、便捷、个性化的学习方式。通过移动学习平台，学生可以在任何时间、任何地点获取最新的计算机科学知识，参与实践训练，加深理解。然而，面临的问题也不可忽视，包括安全性、技术支持、学科知识更新速度等方面的问题。

随着技术的不断发展和教育理念的不断演进，未来移动学习在计算机教育中将进一步发挥其优势，为学生提供更丰富、智能、互动的学习体验。教育机构和平台提供商需要不断创新，整合先进技术，以更好地满足学生的需求，推动计算机教育的不断发展。

第六节　区块链技术在计算机教育中的创新

一、区块链技术的基本原理与特点

区块链技术是一种分布式数据库技术，最初是为比特币这种加密货币而设计的。然而，随着时间的推移，人们逐渐认识到区块链技术的潜在价值，它不仅仅适用于数字货币，还可以用于解决各种领域的信任和安全性问题。本部分将深入探讨区块链技术的基本原理与特点。

（一）区块链的基本原理

1. 分布式账本

区块链是一种分布式账本技术，即多个参与者共同维护一个去中心化的数据库。传统的数据库通常由中心化的实体管理，而区块链中的账本是由网络中的多个节点共同维护的。每个节点都保存了完整的账本副本，任何修改都需要通过共识算法得到其他节点的认可。

2. 区块

区块是区块链中的基本单元，它包含一定时间内发生的交易数据。每个区块都包含一个或多个交易的记录、时间戳以及前一个区块的哈希值。区块通过哈希值链接在一起，形成一个不可篡改的链条，这也是“区块链”名称的由来。

3. 加密哈希

加密哈希是区块链中的关键概念之一。每个区块的头部包含了前一个区块的哈希值，这就意味着每个区块都与它前面的区块相关联。同时，区块中的所有数据都会通过哈希算法生成一个唯一的哈希值。这种哈希机制确保了区块链的不可篡改性，因为一旦修改了区块中的数据，其哈希值就会发生变化，从而影响到后续区块，使得篡改变得极为困难。

4. 共识算法

由于区块链是一个去中心化的系统，节点之间可能存在不同的数据状态。因此，为了保证整个网络的一致性，区块链采用共识算法。共识算法的作用是确保所有节点在达成某个共同的决策时是一致的。比特币使用的是工作量证明（Proof of Work）共识算法，而其他一些区块链项目则使用了不同的共识算法，如权益证明（Proof of Stake）、权益抵押（Delegated Proof of Stake）等。

5. 智能合约

智能合约是一种在区块链上执行的自动化合同。它们是由代码编写的，可以在满足特定条件时执行某些操作。智能合约的执行结果被记录在区块链上，可以被所有参与者验证。以太坊是一个支持智能合约的区块链平台，它的智能合约使用 Solidity 编程语言编写。

（二）区块链的特点

1. 去中心化

区块链的核心特点之一是去中心化。传统的中心化系统通常由一个中心实体或权威机构控制，而区块链是由网络中的多个节点共同维护的。这种去中心化结构消除了单一点的故障风险，增强了系统的安全性和稳定性。

2. 不可篡改性

由于区块链中的数据是通过哈希值链接在一起的，一旦数据被记录在区块链上，就很难修改。修改一个区块将导致其后所有区块的哈希值变化，因此攻击者需要掌握足够的计算能力，同时修改超过 51% 的节点数据，这是一个非常困难的任务。

3. 透明度与匿名性

区块链提供了一种高度透明的交易方式。每个节点都可以查看区块链上的所有交易记录，确保了系统的公开性。但与此同时，区块链提供了一定的匿名性，用户的身份通常通过密钥来表示，而非真实姓名。这既保护了用户的隐私，又确保了交易的透明度。

4. 安全性

由于区块链采用了分布式账本和加密哈希等技术，使得区块链在安全性方面具有很高的水平。传统的中心化数据库容易受到黑客攻击，而区块链的分布式结构使得攻击者需要同时攻破多个节点才能篡改数据，增加了攻击的难度。

5. 去信任

区块链的设计理念之一是去信任。在传统的交易中，当事人之间需要信任第三方机构来验证交易的真实性。在区块链上，通过共识算法和加密技术，交易的真实性可以被网络中的节点验证，从而不再需要中间机构的信任。

6. 高可用性

由于区块链的去中心化特性，它具有较高的可用性。即使当部分节点出现故障或攻击时，系统仍然能够正常运行。其他节点可以继续验证和记录交易，确保区块链网络的连续性和稳定性。

7. 去冗余与节约成本

区块链通过去中心化的方式去除了传统中介机构，例如银行、清算机构等。这样不仅减少了冗余的环节，还降低了交易成本。用户直接在区块链上完成交易，无需支付第三方中介的费用，从而实现了更为经济高效的交易模式。

8. 可编程性与智能合约

区块链是可编程的，允许开发者创建各种智能合约。这些合约是通过代码实现的，能够在特定条件下自动执行，无需第三方的干预。这种可编程性使得区块链在各种应用场景中都具备灵活性，从金融领域的支付结算到供应链管理，都可以通过智能合约进行自动化执行。

9. 跨越国界的交易

区块链是一个全球性的技术，可以实现跨越国界的交易。由于区块链的去中心化特性，无论用户身在何处，只要连接到区块链网络，就可以参与其中。这为国际贸易、跨境支付等提供了更为便捷和高效的解决方案。

10. 不可知原则

不可知原则是指区块链上的数据一旦被写入，就不可更改或删除。这一特性确保了数据的完整性和可追溯性，同时增强了用户对数据的信任。另外，不可知原则也为法律合规性提供了支持，因为过去的交易记录可以被永久保存，供监管机构进行审计和调查。

（三）区块链技术的应用领域

1. 数字货币与支付

最初，区块链技术应用于数字货币领域，比特币是其典型代表。区块链技术通过去中心化和加密的方式，解决了传统支付体系中的信任和安全问题，为数字货币的发展提供了坚实基础。

2. 供应链管理

区块链在供应链管理中的应用可以实现产品的溯源和透明度。通过区块链记录产品的生产、运输、存储等信息，可以实现对供应链各个环节的实时监控，降低信息不对称和作假的可能性。

3. 物联网

区块链与物联网的结合可以增强设备之间的信任关系。在物联网中，设备之间通过区块链进行直接的安全交互，实现设备间的可编程和自动化管理，提高物联网系统的安全性和效率。

4. 身份验证与管理

区块链可以用于建立去中心化的身份验证系统。用户的身份信息被存储在区块链上，用户可以完全掌控自己的身份数据，并通过私钥授权给需要验证身份的第三方，提高了身份验证的安全性和用户隐私保护。

5. 版权保护

在数字内容领域，区块链可以用于建立去中心化的版权管理系统。通过将数字作品的版权信息记录在区块链上，实现对知识产权的保护，减少盗版和侵权行为。

6. 医疗健康

在医疗领域，区块链可以用于患者的健康数据管理。患者的病历、检查结果等信息可以被安全地存储在区块链上，由患者授权医疗机构或研究机构进行访问，提高了医疗数据的安全性和隐私保护。

7. 金融服务

区块链在金融服务领域有着广泛的应用，包括国际汇款、证券交易、智能合约等。区块链技术可以降低交易成本、提高交易速度、增加透明度，同时减少金融欺诈和风险。

8. 不动产登记

在不动产领域，区块链可以用于建立不动产的去中心化登记系统。通过将不动产交易的信息记录在区块链上，可以减少不动产交易的繁琐流程，提高交易的透明度和可追溯性。

区块链技术作为一种颠覆性的创新，正在逐步改变着我们的生活和社会。它的基本原理和特点为构建去中心化、安全、透明的系统提供了新的解决方案。然而，随着技术的发展，区块链仍然面临着一些挑战，需要不断地进行创新和改进。

未来，随着区块链技术的不断演进，我们有望看到更多实际应用的落地，更多行业的变革，以及更强大的区块链生态系统的建立。同时，我们需要关注和解决技术、法规、环境等方面的问题，确保区块链技术能够真正发挥其潜在的作用，为社会带来更多的益处。

二、区块链技术在学历认证与学术交流中的应用

（一）学历认证的现状与问题

1. 学历认证的重要性

学历认证一直是教育体系中一个至关重要的环节。学历是个体学习经历和知识水平的象征，也是进入社会、职业发展的重要凭证。然而，传统的学历认证存在一些问题，包括信息不透明、易伪造、流程繁琐等。

2. 传统学历认证存在的问题

信息不透明：学历认证通常需要联系学校或相关机构，整个过程可能较为繁琐，学历信息的获取相对不透明。

易伪造：传统学历证书往往是纸质的，容易被伪造。一些不法分子可以通过伪造文凭来获取不当利益，损害了社会对学历认证的信任。

流程繁琐：学历认证涉及多个环节，包括学校的验证、公证处的认证等，整个过程费时费力，不够高效。

（二）区块链技术的基本原理

1. 区块链的基本概念

区块链是一种分布式数据库技术，其核心是将数据以区块的形式链接在一起，形成一个不可篡改的链。每个区块包含了一定时间内发生的交易信息，通过哈希算法与前一个区块链接在一起。

2. 分布式共识机制

区块链通过分布式共识机制来确保网络中所有节点对交易的一致性达成共识。不同的区块链项目采用不同的共识机制，包括工作量证明（PoW）、权益证明（PoS）、权益抵押等。

3. 加密哈希算法

加密哈希算法是区块链中确保数据安全性的重要手段。通过对数据进行哈希运算，生成唯一的哈希值，保证数据的完整性。一旦数据被修改，其哈希值就会发生变化，从而引起整个区块链上的变化。

4. 智能合约

智能合约是一种以代码形式编写的合同，它可以在满足特定条件时自动执行。在区块链上，智能合约可以用于自动化执行学历认证过程中的各个步骤，提高认证的效率。

（三）区块链在学历认证中的应用

1. 基于区块链的学历认证流程

区块链技术可以改善学历认证的流程，使其更为高效、透明和安全。以下是基于区块链的学历认证流程。

（1）学历发放

学校将学生的学历信息录入区块链，形成一个新的区块，并通过共识机制确保区块链网络的节点对此信息达成一致。

（2）学历查询

个人或机构需要查询学生的学历信息时，可以通过区块链进行查询，而不再需要联系学校。这可以通过学生提供的唯一身份标识进行，确保数据的隐私性。

（3）学历认证

学历认证机构可以通过区块链上存储的学历信息进行认证，减少了繁琐的流程。认证结果将被写入区块链，形成新的区块。

2. 区块链学历认证的优势

（1）去中心化

区块链的去中心化特性消除了传统学历认证中的中介机构，减少了信任成本，学历信息由学校直接存储在区块链上。

（2）安全性与防伪能力

区块链的加密哈希和不可篡改性保证了学历信息的安全性。学历证书存储在区块链上，防止了伪造行为，提高了认证的可信度。

（3）透明度与实时性

区块链上的学历信息是实时更新的，任何有权限的机构或个人都可以实时查询。这提高了信息的透明度和实时性，有助于及时获取准确的学历信息。

（4）数据隐私保护

区块链采用分布式账本，学历信息只能由相关授权方访问，保护了学生的数据隐私。个人的身份标识由加密技术保护，确保信息安全。

3. 智能合约在学历认证中的应用

智能合约可以进一步简化学历认证的流程。以下是智能合约在学历认证中的应用。

（1）自动认证

智能合约可以编程规定学历认证的条件，一旦满足条件，认证过就会自动执行。这消除了人工介入的需要，提高了认证的效率。

（2）条件化认证

智能合约可以根据不同的条件执行不同的认证流程。例如，如果学历认证机构需要对某个学校的学历信息进行验证，智能合约可以根据学校的身份标识自动选择相应的验证流程。

（3）信息更新与失效

智能合约可以编程规定学历信息的更新条件，一旦学生完成学业或学历发生变化，合约就会自动更新学历信息。同时，如果某个学历信息不再有效，智能合约就可以自动将其标记为失效，确保信息的及时更新和准确性。

4. 区块链在学术交流中的应用

（1）学术论文的溯源

学术交流中，论文的来源和真实性是极为重要的。利用区块链技术，可以建立一个包含学术论文信息的去中心化数据库。每篇论文被提交、审核、发表都将形成一个区块，确保其溯源性和不可篡改性。

（2）学术诚信体系

学术界一直关注学术不端行为，如抄袭、篡改数据等。区块链可以作为一个透明、不可篡改的平台，记录学术活动，建立学术诚信体系。研究人员的学术贡献、论文发表、研究项目等信息都可以通过区块链进行记录，提高学术活动的透明度和可信度。

（3）学术合作的可信度

区块链技术可以在学术合作中提供更高的可信度。通过在区块链上建立学术合作的智能合约，明确合作双方的责任和权益，确保研究成果的公正分配和共享。这有助于建立起更为公平和可靠的学术合作关系。

区块链技术在学历认证和学术交流中的应用，为解决传统认证流程中的问题提供了全新的思路。通过去中心化、安全可信的特性，区块链技术能够极大地提高学历认证的效率和可靠性。

三、区块链技术对计算机教育的影响

（一）导论

1. 背景介绍

区块链技术作为一种颠覆性的创新，正在逐渐渗透到各个行业中，包括教育领域。计算机教育，作为培养信息技术专业人才的重要领域，也不例外。本部分将探讨区块链技术对计算机教育的影响，包括学历认证、学术交流、教学管理等方面的变革。

（二）学历认证的创新

1. 传统学历认证的问题

传统的学历认证存在信息不透明、易伪造、流程繁琐等问题。学历认证涉及多个环节，包括学校的验证、公证处的认证等，整个过程费时费力，不够高效。同时，学历证书容易被伪造，这给用人单位和社会带来了一定的风险。

2. 区块链学历认证的优势

（1）去中心化

区块链的去中心化特性消除了传统学历认证中的中介机构，减少了信任成本，学历信息由学校直接存储在区块链上。

（2）安全性与防伪能力

区块链的加密哈希和不可篡改性保证了学历信息的安全性。学历证书存储在区块链上，防止了伪造行为，提高了认证的可信度。

（3）透明度与实时性

区块链上的学历信息是实时更新的，任何有权限的机构或个人都可以实时查询。这提高了信息的透明度和实时性，有助于及时获取准确的学历信息。

（4）数据隐私保护

区块链采用分布式账本，学历信息只能由相关授权方访问，保护了学生的数据隐私。个人的身份标识由加密技术保护，确保信息安全。

3. 区块链学历认证的实际案例

（1）区块链学历认证平台

一些国家和学校已经开始尝试建立基于区块链的学历认证平台。学生的学历信息被记录在区块链上，用人单位可以通过合法途径查询学生的学历，确保信息的真实性和可信度。

（2）区块链学历认证的跨国应用

通过国际标准的制定和合作，区块链学历认证有望在全球范围内实现互通。这将为国际学历认证提供更便捷的解决方案，促进国际学术与职业交流。

（三）学术交流的变革

1. 传统学术交流中存在的问题

（1）论文溯源的难题

学术交流中，论文的来源和真实性一直是一个难题。在传统的学术交流中，论文的溯源很难做到，一些不端行为如抄袭、篡改数据等难以被发现。

（2）学术诚信问题

学术界一直关注学术不端行为，如抄袭、造假等。传统的学术诚信体系相对薄弱，对一些不端行为的查处和防范存在难度。

2. 区块链在学术交流中的应用

（1）论文的溯源与透明性

区块链可以建立一个包含学术论文信息的去中心化数据库。每篇论文被提交、审核、发表都将形成一个区块，确保其溯源性和不可篡改性。这提高了学术论文的透明性和可信度。

（2）学术诚信体系的建立

区块链可以作为一个透明、不可篡改的平台，记录学术活动，建立学术诚信体系。研究人员的学术贡献、论文发表、研究项目等信息都可以通过区块链进行记录，提高学术活动的透明度和可信度。

（3）学术合作的可信度

区块链技术可以在学术合作中提供更高的可信度。通过在区块链上建立学术合作的智能合约，明确合作双方的责任和权益，确保研究成果的公正分配和共享。这有助于建立起更为公平和可靠的学术合作关系。

（四）教学管理的创新

1. 传统教学管理中存在的问题

（1）学生档案的安全性

传统的学生档案管理存在信息安全性的问题。学生的个人信息和学习记录可能被不法分子窃取或篡改，导致不利于学生个人和学校的管理。

（2）教学资源分配不均衡

在传统的教学管理中，教学资源的分配可能存在不均衡的情况。一些教师或学科可能更容易获得更多的支持和资源，而一些新兴的领域可能被忽视，影响了教学的全面发展。

2. 区块链在教学管理中的创新

（1）学生档案的安全存储

区块链技术可以提高学生档案的安全性。将学生的个人信息、学习成绩等数据存储在区块链上，利用分布式账本的不可篡改性和加密技术，确保学生档案的安全性。只有授权的教育机构和学生自己才能访问相应信息，保障了学生隐私。

（2）教学资源的透明分配

区块链可以建立一个透明、公正的教学资源分配系统。通过智能合约，可以确保教学资源的公平分配，使得每个老师和学科都能够获得相应的支持和资源。这有助于推动教学的均衡发展，提高整体的教育质量。

（3）学习成果的溯源

区块链技术可以用于记录学生的学习成果。每个学生的学习过程、作业完成情况、考试成绩等信息都可以被记录在区块链上，形成一个全面的学习档案。这不仅有助于学生对自己学业的了解，也为教育机构提供了更全面的数据支持，帮助做出更科学的教育决策。

总体而言，区块链技术对计算机教育的影响是深远而积极的。从学历认证到学术交流再到教学管理，区块链都为计算机教育带来了更高效、透明和安全的解决方案。然而，要实现区块链在计算机教育中的广泛应用，仍然需要应对技术、法规和社会接受度等方面的挑战。随着技术的不断发展和被社会的逐步接受，相信区块链技术将为计算机教育带来更多的创新和改变。

第五章　师资队伍建设与发展

第一节　计算机教育师资培训的理论基础

一、师资培训的必要性与目标

师资培训是教育领域中一项至关重要的工作，直接关系到教育质量和学生发展。随着社会的不断发展和教育理念的更新，师资培训的必要性愈发凸显。本部分将深入探讨师资培训的必要性，并明确师资培训的目标，以提高教师的整体素质。

（一）师资培训的必要性

适应新的教育理念：教育理念和方法不断发展演进。例如，从传统的知识传授转向注重学生能力培养和创新精神的教育理念。师资培训可以帮助教师及时掌握新的教育理念，提高他们的教育教学水平，更好地适应和引领教育发展。

掌握新的教育技术：随着科技的不断进步，教育技术也在不断更新。例如，智能化教学、在线教育等。师资培训能够帮助教师熟练掌握新的教育技术，使其能够更好地运用现代科技手段提升教学效果，满足学生多样化的学习需求。

提高教学质量：通过师资培训，教师可以学习到更多的教学方法和策略，提高他们的教学能力。这有助于提升课堂教学的效果，激发学生学习兴趣，促进他们更好地理解和掌握知识。

适应多元化学生需求：学生的差异性和多样性不断增加，教育系统需要更具包容性和适应性。师资培训可以帮助教师更好地了解学生的差异性需求，提供更个性化的教学服务，促使学生全面发展。

应对教育改革：各国不断进行教育改革，教育政策和制度也在变革之中。师资培训使教师能够更好地理解和适应新的教育政策。

提高教师专业发展水平：师资培训是教师专业发展的重要途径，通过培训，教师可以不断提升自己的专业水平，增加职业发展的机会，更好地服务学校和学生。

（二）师资培训的目标

1. 提高教育教学水平

目标：通过培训，使教师掌握先进的教学理念和方法，提高他们的教育教学水平，更好地促进学生的全面发展。

方法：开展教育心理学、教育技术、课程设计等方面的培训，帮助教师了解学科知识的前沿动态，提高他们的学科素养。

2. 创新教育模式

目标：通过培训，鼓励教师尝试新的教育模式，促进教育创新。这包括探索项目式学习、合作学习、实践性教学等创新方法。

方法：举办案例研讨、座谈交流等活动，引导教师思考和设计创新的教育模式，分享成功经验。

3. 提高对学科前沿的了解

目标：通过培训，使教师不仅了解基础教育课程，还能关注学科的前沿知识，培养其对学科的深入理解和兴趣。

方法：组织学科交流会、学术讲座等活动，邀请行业专家分享最新研究成果，拓展教师学科视野。

4. 提升课程设计和评估水平

目标：通过培训，使教师能够灵活运用多样的课程设计方法，合理选择和设计教学资源，并提高课程评估的科学性和客观性。

方法：提供课程设计的培训课程，介绍现代的评估方法，帮助教师更好地调整和改进教学方案。

5. 促进团队协作和教育研究

目标：通过培训，建立教师团队协作意识，鼓励教育研究，促进教师之间的交流与合作。

方法：举办团队协作培训、组织教育研讨会和研究小组，提供资源和支持，以促进教师之间的合作与共享。同时，鼓励教师参与学术研究项目，提高他们的研究水平。

6. 培养跨学科知识和能力

目标：通过培训，培养教师跨学科的知识和能力，使其能够更全面地理解学科之间的关联，提供更丰富多样的教育体验。

方法：设计跨学科课程、开展跨学科项目，激发教师对不同学科的兴趣，促使其在跨学科教育中具备更强的能力。

7. 提高教育科研水平

目标：通过培训，提高教师的科研水平，鼓励他们深入参与教育科研项目，推动学科发展。

方法：提供科研方法和技能的培训，引导教师选择适合自己的研究方向，提升他们的科研实践能力。

8. 促进教育技术应用

目标：通过培训，提高教师对教育技术的理解和应用水平，使其能够更灵活地运用技术手段支持教学。

方法：组织教育技术应用的研修班、分享会，培训教师使用各种教育工具和平台，促进数字化教育的发展。

9. 培养教育领导力

目标：通过培训，培养教师的教育领导力，使其具备更好的组织协调和管理能力。

方法：提供领导力培训，包括团队管理、决策能力、沟通协调等方面的训练，激发教师的领导潜力。

（三）面临的挑战与应对策略

时间压力：教师工作繁忙，常常面临时间不足的问题。应对策略包括合理安排培训时间，选择灵活的培训方式，如在线培训、寒暑假培训等，以便更好地满足教师的时间需求。

培训资源不足：一些学校或地区可能缺乏完善的培训资源。应对策略包括建立培训资源共享机制，与其他学校、机构合作，充分利用各方资源，提升培训效果。

教师抵触情绪：一些教师可能对培训产生抵触情绪，认为培训会增加工作负担。应对策略包括制订有吸引力的培训计划，充分体现培训对教师个人和职业发展的帮助，激发他们的学习兴趣。

个体差异：教师群体具有多样性，不同年龄、经验、学科背景的教师可能需要不同类型的培训。应对策略包括制订差异化培训计划，根据个体差异提供定制化的培训服务。

培训效果评估：如何评估师资培训的效果是一个挑战。应对策略包括建立科学的评估体系，采用多种评估方法，包括教学观察、学生评价、教师自评等，全面了解培训效果。

师资培训在提高教育质量、促进教育创新、推动教育发展方面具有不可替代的作用。通过明确培训目标，以及灵活差异化的培训方法，可以更好地满足教师的需求，提高其教育教学水平。在面临各种挑战的同时，建议学校和相关机构充分重视师资培训工作，制订科学的培训计划，共同努力推动教育事业的可持续发展。师资培训不仅关乎个体教师的职业发展，还涉及整个教育体系的质量和效益，对构建富有创新力、负责任的教育环境具有深远的影响。

二、师资培训的基本原则

师资培训是教育体系中至关重要的组成部分，直接关系到教育质量、学生发展以及教育事业的长远发展。在进行师资培训时，遵循一系列基本原则是确保培训有效性和可持续性的关键。本部分将深入探讨师资培训的基本原则，以指导和规范师资培训工作，促进教育体系的不断提升。

（一）个体化原则

尊重个体差异：每位教师都具有独特的背景、经验和学科特长。个体化原则要求培训机构在制订培训计划时考虑到这些差异，量身定制培训内容，以满足个体的专业需求和发展方向。

定制化培训计划：师资培训应该根据不同阶段的教师和他们所从事的学科、领域的特点，制订相应的培训计划。这意味着初中和高中教师、理科和文科教师、经验丰富和初入职场的教师可能需要不同类型的培训。

灵活的培训方式：考虑到教师的工作和生活压力，培训机构应提供多样化、灵活的培训方式，包括在线培训、寒暑期培训、短期培训等，以满足个体的时间和地点需求。

（二）专业化原则

紧跟学科发展：针对不同学科的特点，培训计划应紧密结合学科前沿和最新研究动态，确保教师具备最新的学科知识和教学方法，提高他们的专业素养。

实际教学经验：师资培训不仅仅是理论知识的传递，还应注重实际教学经验的分享和交流。通过邀请有丰富实际教学经验的教师参与培训，促使培训更具实用性和针对性。

提高教育技术应用水平：随着科技的发展，教育技术在教学中的应用日益重要。培训计划应关注提高教师的数字素养，使其能够更好地应用现代技术手段支持教学。

（三）反馈和评估原则

持续性反馈：师资培训应设立持续性的反馈机制，通过教学观摩、课堂评估、学员反馈等方式，及时获取教师在培训过程中的表现和需求，以便及时调整培训计划。

效果评估：在师资培训的末尾进行培训效果的全面评估。这包括教师知识水平的提升、教学能力的改进、学生学业成绩的提高等多个层面。通过评估，及时发现问题并进行改进。

循环改进机制：培训机构应建立循环改进的机制，将每一轮培训的经验和教训纳入下一轮培训计划中。这有助于不断提升培训的质量和适应性。

（四）实践导向原则

案例教学：通过真实案例的呈现，教师能更好地理解理论知识与实际教学的结合。培训计划应当以实际案例为基础，引导教师进行案例分析，提高解决实际问题的能力。

教学实践：师资培训不仅要注重理论培训，还应当包括教学实践环节。通过组织教学实践，培训教师在实际教学中运用所学理论知识，形成实践导向的培训效果。

导师制度：为教师提供导师支持，使其能够在实际教学中得到及时的指导和反馈。导师既可以是培训机构的专业人员，也可以是有经验的资深教师。

（五）协作共建原则

跨学科协作：鼓励不同学科领域的教师进行跨学科协作。培训计划可以设计跨学科课程，促使教师更好地理解和应用多学科知识。

学校与培训机构合作：学校与培训机构应建立紧密的合作关系，共同制定培训计划。学校提供实际教学场景，培训机构提供专业知识和培训资源，共同推动师资培训的深度与广度。

行业企业参与：将行业企业引入师资培训中，让教师了解行业最新趋势和需求。这有助于教师更好地将教学与实际职业需求对接，提高学校教育的实用性。

国际交流与合作：通过国际交流与合作，引入国际先进的教育理念和经验。这有助于培养教师具有国际视野，更好地适应全球化教育的发展潮流。

（六）可持续性原则

持续学习文化：建立学校和教师持续学习的文化氛围，鼓励教师通过各种方式获取新知识，不断提升自己的专业水平。

定期培训更新：师资培训计划应具有定期更新的机制，及时融入最新的教育理念、技术和方法。这有助于保持培训的前瞻性和实效性。

建立资源共享平台：创造教育资源共享平台，使得教师能够分享和借鉴优秀的教学案例、教学资源和培训经验，推动教育资源的可持续共享。

职业发展通道：为教师建立明确的职业发展通道，提供进修、升学等机会，使其能够在职业生涯中不断发展，并为学校长期留住优秀的教育人才。

（七）社会参与原则

家长参与：在培训中引入家长，让他们更好地了解教学理念和方法，形成学校、教师和家长的共同合作，共同推动学生全面成长。

社区合作：将师资培训与社区资源结合，利用社区的专业力量为教师提供更多实践机会，促进学校与社区的深度合作。

政策支持：政府应该出台支持教育师资培训的政策，包括财政支持、奖励机制等，以激发学校和教师参与培训的积极性。

行业协会参与：行业协会作为专业组织，可以提供更专业的培训服务，促使教育体系与相关行业更好地对接。

（八）实践和理论相结合原则

理论与实践相统一：在师资培训中，理论知识和实践应该相辅相成，培训内容既要具有学科的理论深度，又要强调实际操作能力。

反思与总结：师资培训应鼓励教师在实践中进行反思和总结，形成良性的循环，促使培训的理论知识更好地融入实际工作中。

教学案例分析：通过教学案例分析，让教师在实际情境中理解和应用培训所学的知识，提高解决问题的实际操作能力。

（九）以学生为中心原则

关注学生需求：师资培训应该更加注重教师对学生需求的了解，使教学更贴近学生的实际需求和兴趣。

多元评价学生：在培训中鼓励教师采用多元的评价方法，关注学生个体差异，促使教学更具差异性和包容性。

培养学生自主学习能力：在培训中，引导教师培养学生自主学习的能力，提高学生在教育中的参与度和主动性。

（十）法律与伦理原则

遵循法律法规：师资培训应严格遵循国家和地区的法律法规，保障培训的合法性和规范性。

注重伦理道德：在培训中强调教育工作者的伦理道德，培养教育从业人员正确的价值观和职业操守。

保护隐私权：在培训过程中，要注意保护学生和教师的隐私权，不得泄露个人敏感信息。

师资培训的基本原则涵盖了多个层面，包括个体化、专业化、反馈与评估、实践导向、协作共建、可持续性、社会参与、实践和理论相结合、以学生为中心、法律与伦理等多个方面。这些原则共同构成了一个系统性的框架，为师资培训提供了指导和规范。

在制订和实施师资培训计划时，教育机构和相关机构需要认真考虑这些原则，因为它们直接关系到培训的效果和长期影响。

三、师资培训与计算机教育的发展趋势

随着信息技术的飞速发展，计算机教育已经成为教育领域的一个重要组成部分。师资培训在这一背景下变得尤为关键，因为只有具备先进计算机知识和教学技能的教师，才能够有效地引导学生在数字时代迅猛发展的计算机科学领域中成长。本部分将探讨师资培训与计算机教育的发展趋势，以应对新时代对教育人才的需求。

（一）计算机教育的现状与挑战

数字化时代的崛起：随着数字化时代的到来，计算机技术在社会各个领域得到广泛应用。计算机科学不再是独立的学科，而是贯穿各行各业的核心技术。

计算机教育的多样性：计算机教育不仅限于传统的编程教学，还包括信息技术、人工智能、数据科学等多个方向。教师需要具备跨学科的知识和能力，以适应多样化的计算机教育需求。

新技术的涌现：新兴技术如区块链、物联网、云计算等层出不穷，为计算机教育提出了更高的要求。教师需要不断学习和更新知识，以保持在技术发展潮流中的领先地位。

学生对计算机教育的需求：学生对计算机教育的需求在不断提升，他们期望能够获得实际应用能力，更关注计算机技术在职业生涯中的实际价值。

在这一背景下，师资培训成为确保教育体系跟上时代步伐的重要手段。接下来，我们将探讨师资培训与计算机教育的发展趋势。

（二）师资培训与计算机教育的发展趋势

1. 跨学科教育与综合素养

趋势：计算机教育不再仅限于计算机专业，而是与其他学科融合。师资培训将强调跨学科教育，培养教师综合素养，使其能够将计算机知识与其他学科知识结合，创设更为丰富多彩的教育场景。

实践：培训计划将引入跨学科课程，组织教师参与跨学科项目，促进计算机知识与其他学科的交叉学习。

2. 实践导向与项目化教学

趋势：师资培训将更加强调实践导向和项目化教学。教师将通过实际项目参与，学习如何将计算机知识应用到实际问题中，培养学生解决实际问题的能力。

实践：培训中将设置项目实战环节，教师将通过亲身参与项目，体验计算机科学的实际应用，将理论知识转化为实际操作能力。

3. 新技术应用与教育工具培训

趋势：随着新技术不断涌现，培训将加强对新技术的介绍和应用培训。教师将学习如何使用最新的教育工具和平台，以提高教学效果。

实践：培训计划将包括对人工智能、虚拟现实、增强现实等新兴技术的介绍，并提供相关工具的使用培训，使教师能够更好地运用这些技术促进学生的学习。

4. 在线学习与远程培训

趋势：随着互联网的普及，师资培训将更多地采用在线学习和远程培训。这有助于突破地域限制，使更多的教师能够参与到高质量的师资培训中。

实践：培训机构将建设在线学习平台，提供各类计算机教育课程，并通过网络技术进行培训，让教师可以随时随地参与学习。

5. 个性化学习与差异化培训

趋势：师资培训将更加注重个性化学习和差异化培训。教师将有机会选择适合自己需求的培训内容，满足不同层次、不同专业背景的教师个性化发展需求。

实践：通过定制化的培训计划，教师可以根据自身的兴趣和需求选择感兴趣的方向进行深度学习，实现个性化的教育成长。

6. 国际合作与交流

趋势：计算机科学是国际性的学科，师资培训将更加注重国际合作与交流。教师将有机会参与国际性的计算机教育大会、研讨会，借鉴国际先进的教学理念和经验。

实践：培训机构将积极组织教师参与国际学术交流活动，建立国际合作项目，引进国外优质师资资源，提升教师的国际化视野。

7. 数据驱动与个体化反馈

趋势：数据分析和个体化反馈将成为师资培训的重要组成部分。通过对教师学习数据的收集和分析，提供有针对性的反馈和建议，帮助教师更好地调整学习策略。

实践：培训机构将建立教师学习档案，通过学习分析工具对教师的学习过程进行实时监测，提供个性化的学习建议。

8. 教育法律与伦理培训

趋势：随着计算机教育的发展，师资培训将更加注重教育法律与伦理的培训。教师将学习如何在计算机教育中遵循法律法规，保障学生和教师的合法权益。

实践：培训计划将设立教育法律与伦理课程，引导教师正确履行职业责任，保护学生隐私权，提高教育工作者的法律素养。

9. 持续学习与职业发展通道

趋势：师资培训将强调教师的持续学习和职业发展。为教师建立明确的职业发展通道，提供进修、升学等机会，使其能够在职业生涯中不断发展。

实践：培训机构将建立教师职业发展档案，记录教师的培训历程和成果，为其提供定期的职业发展辅导。

（三）师资培训的关键策略与挑战

建设专业团队：为了适应计算机教育的发展趋势，培训机构需要建设一支具备丰富实践经验和前瞻视野的专业团队，以确保师资培训的专业性和先进性。

整合资源促进合作：师资培训需要整合各方资源，建立学校、企业、研究机构等多方合作机制，促进资源共享，实现全方位的师资培训。

制订个性化培训计划：针对不同层次、不同专业背景的教师，培训机构应制订个性化的培训计划，满足其专业发展需求，提高培训的针对性和实效性。

引入新技术支持培训：师资培训机构需要及时引入先进的在线学习平台、虚拟实验室等新技术，提高培训的互动性和实用性。

建立反馈机制：为了确保培训的效果，培训机构应建立健全的反馈机制，定期收集学员的意见和建议，及时调整培训计划。

培养领军人才：通过师资培训，重点培养一批计算机教育领域的领军人才，他们将成为学科带头人，推动整个学科的发展。

师资培训与计算机教育的发展紧密相连，直接影响着学生的学习体验和未来职业发展。面对数字化时代的来临，培训机构和学校需要紧跟计算机教育的发展趋势，通过不断创新师资培训方式，提高教师的专业水平和教育素养。

第二节　新技术对师资队伍的要求

一、新技术对计算机教育的影响

随着科技的不断发展，新技术对各行各业都产生了深远的影响，其中计算机教育领域更是受益匪浅。计算机技术的不断创新和应用为教育带来了前所未有的机遇和挑战。本部分将深入探讨新技术在计算机教育中的影响，包括教学方法的改变、学习体验的提升以及对教育体系的重塑等方面。

（一）教学方法的改变

1. 个性化教育

新技术为计算机教育注入了个性化元素。通过智能化的教学平台和学习系统，教师能够更好地根据学生的兴趣、水平和学习风格量身定制教学内容。这不仅能够提高学生的学习积极性，还能够更好地满足不同学生的学习需求，实现因材施教目标。

2. 互动式教学

新技术为计算机教育带来了更多的互动性。通过虚拟实验、在线讨论和多媒体教学，学生能够更直观地理解抽象的计算机概念。同时，教师和学生之间的互动也更为灵活，可以随时随地进行沟通和交流，促进师生之间的紧密联系。

3. 开放式教学

新技术为计算机教育提供了更开放、自主的学习环境。学生可以通过在线课程、开放式教材等途径获取知识，而不再受限于传统的教室和教科书。

这种开放性的教学方式有助于培养学生的创新精神和独立思考能力，使其更好地适应快速变化的社会环境。

（二）学习体验的提升

1. 虚拟现实和增强现实

虚拟现实（VR）和增强现实（AR）技术为计算机教育带来了全新的学习体验。通过虚拟现实技术，学生可以身临其境地进行实验、模拟操作，增强对计算机原理的理解，而增强现实则可以将虚拟信息叠加在真实环境中，提供更为丰富的学习场景。这样的学习体验不仅更具吸引力，还能够促使学生更深入地参与学习。

2. 在线协作平台

新技术推动了在线协作平台的发展，学生可以通过这些平台与全球范围内的同学进行合作。这种跨越时空的协作方式不仅有助于培养学生的团队协作能力，还能够拓展他们的国际视野。通过在线协作，学生可以共同解决问题、分享经验，提升学习效果。

3. 自主学习工具

新技术为计算机教育提供了丰富的自主学习工具。从编程学习平台到在线课程，学生可以根据自己的兴趣和学习进度选择适合自己的学习路径。这种自主学习的模式有助于培养学生的自主学习能力，使其在未来能够更好地适应职业发展的需求。

（三）对教育体系的重塑

1. 新兴技术课程的加入

随着新技术的不断涌现，计算机教育体系也在不断演进。新兴技术课程，如人工智能、区块链、物联网等，逐渐成为计算机教育的重要组成部分。学生在学习传统计算机知识的同时，能够接触到最前沿的科技领域，为未来的职业发展奠定更为坚实的基础。

2. 跨学科融合

新技术的蓬勃发展使得计算机教育与其他学科之间的界限变得模糊。计算机科学与工程不再是孤立的学科，而是与数学、物理、生物等学科进行深度融合。这种跨学科的融合有助于培养学生的综合素养，使其具备更全面的知识结构。

3. 在线认证和远程学位

新技术的应用推动了教育的全球化和远程化。学生可以通过在线课程获得认证，并在不同国家和地区参与远程学位项目。这种灵活的学习方式不仅有助于满足不同地区学生的学习需求，还能够促进全球范围内的教育资源共享，推动教育的国际化发展。

（四）面临的挑战与应对策略

1. 技术更新速度

随着技术的飞速发展，计算机教育面临着不断更新的挑战。教育机构需要不断更新课程内容，确保学生学到的是最新的知识和技能。与此同时，教师需要不断提升自己的专业水平，以适应新技术的快速变化。

应对策略：引入灵活的课程设计机制，建立快速反应机制，定期进行师资培训，确保教育体系的优化与科技发展同步。

2. 数字鸿沟

在一些地区，特别是发展中国家，由于经济条件和基础设施的限制，存在数字鸿沟问题。部分学生无法充分享受到新技术带来的教育便利。

应对策略：通过政府和社会力量的共同努力，推动基础设施建设，普及互联网，提供教育设备，缩小数字鸿沟，使更多学生能够受益于新技术。

3. 教育平台的质量和安全问题

随着在线学习的普及，教育平台的质量和安全问题引起了广泛关注。一些平台可能存在信息泄露、虚假认证等问题，影响学生的学习体验和信任度。

应对策略：加强对教育平台的监管，建立评估和认证体系，提高平台的透明度和可信度。同时，教育机构和学生要提高网络安全意识，加强个人信息的保护。

（五）展望未来

随着新技术在计算机教育中的不断应用，我们可以看到一个更加开放、灵活和多样化教育的未来。计算机教育将不再局限于传统的课堂教学，而是通过创新的教学方法和技术手段，为学生提供更为丰富和个性化的学习体验。

未来，我们有望看到更多基于人工智能的智能教育助手，能够根据学生的学习情况提供定制化的辅助学习方案；虚拟现实和增强现实技术将进一步融入教学，为学生提供更为直观和真实的学习体验。同时，跨学科融合将成为主流，培养更具综合素养的计算机专业人才。

总的来说，新技术对计算机教育的影响是积极的，为学生提供了更好的学习机会和体验。然而，我们需要注意解决相应的问题，确保科技的发展与教育的进步相辅相成，为培养具备创新精神和实际能力的人才打下坚实的基础。

二、新技术对教师能力的要求

随着科技的飞速发展，新技术对教育领域产生了深刻的影响。教育者在应对这一变革时，需要具备新的技术能力，以更好地适应数字化、智能化的教学环境。本书将深入探讨新技术对教师能力的要求，包括技术素养、教学设计、学生管理、个性化教学等多个方面。

（一）技术素养

1. 数字化能力

教师需要具备基本的数字化能力，包括操作电子设备、使用办公软件、浏览互联网等。这是因为教学过程中，很多教育资源、教材和学生作品都以数字形式存在，教师需要能够熟练地运用这些数字化工具，提高教学效率。

2. 数据分析能力

随着教育大数据的应用，教师需要具备一定的数据分析能力。通过分析学生的学习数据，教师能够更好地了解学生的学情，为个性化教学提供依据。同时，数据分析有助于评估教学效果，及时调整教学策略。

3. 网络安全意识

在数字化教学环境中，网络安全问题日益突出。教师需要具备基本的网络安全意识，保护学生的个人信息，防范网络攻击，确保教学过程的安全可靠。

（二）教学设计

1. 多媒体教学设计

新技术的应用使得多媒体教学更为普遍。教师需要能够设计生动、富有创意的多媒体教学材料，包括图文并茂的幻灯片、教育视频、交互式教学软件等，以提高学生的学习兴趣和理解深度。

2. 个性化教学设计

新技术为个性化教学提供了更多可能性。教师需要根据学生的不同需求和学习风格，灵活地设计教学方案。这可能涉及基于学生数据的个性化教学内容、任务和评估方法的调整等。

3. 跨学科整合

新技术的发展促使不同学科之间的融合。教师需要具备跨学科整合的能力，设计能够跨越学科界限的课程，培养学生更全面的知识结构和综合能力。

（三）学生管理

1. 数字素养培养

教师在数字化时代需要培养学生的数字素养。这包括信息检索能力、网络素养、判断信息真实性的能力等。教师需要指导学生正确使用数字工具，培养他们在信息时代生存和发展的能力。

2. 数字时代的道德教育

在数字化环境下，教师需要关注学生的网络行为和社交媒体使用。教师有责任引导学生正确使用数字技术，注重网络礼仪，防范网络欺凌和不良信息对学生带来的负面影响。

3. 在线协作和团队管理

新技术的应用使得在线协作成为可能。教师需要指导学生在虚拟环境中进行协作，培养团队精神和沟通能力。同时，教师需要具备在线团队管理的能力，确保学生能够有效地完成协作任务。

（四）个性化教学

1. 个性化学习计划制订

教师需要能够根据学生的个性化需求和水平制订个性化的学习计划。这可能涉及不同学科、不同学年的差异化教学策略，以满足学生的发展需求。

2. 智能辅助教学工具的运用

教师需要善于利用智能辅助教学工具，根据学生的学习状态调整教学内容和进度。这要求教师能够熟练使用智能化学习平台，及时获取学生的学习数据，并做出相应调整。

3. 反馈和评价的个性化

教师需要通过多种途径收集学生的表现数据，包括课堂表现、作业、考试等。然后，根据这些数据为每个学生提供个性化的反馈和评价，帮助他们更好地理解和改进。

（五）跨学科能力

1. 教育与技术的跨学科知识

教师需要不仅熟悉教育学理论，还要了解新技术的原理和应用。这样的跨学科知识能够使教师更好地整合技术与教育，设计出创新性的教学方案，促进学生在数字化时代的全面发展。

2. 创新与创造力的培养

新技术的应用要求教师培养学生的创新和创造力。教师需要引导学生运用科技工具进行创作、解决问题，并提供开放性的学习环境，激发学生的创新潜能。

3. 跨文化教育

数字化时代的教学环境超越了地域的限制，教育者需要具备跨文化的视野。教师应当关注不同文化背景下学生的学习需求，促使学生能够在全球范围内进行跨文化合作。

（六）持续学习和适应能力

1. 持续学习的动力

新技术的发展速度较快，教育者需要保持对新技术的持续学习动力。这不仅包括学习新的教学工具和平台，还包括了解新兴科技对教育的影响和未来趋势。

2. 适应新技术的能力

教育者需要具备快速适应新技术的能力，能够灵活应对技术变革带来的挑战。这需要教师具备较强的学习能力、创新思维以及对新技术的敏感性。

3. 跨学科知识的积累

新技术在教育领域的应用往往涉及多个学科领域，教育者需要具备跨学科知识的积累，以更好地理解新技术对教育的影响，并能够在不同学科之间进行有机整合。

新技术对教师能力的要求是多方面的，不仅包括技术素养、教学设计、学生管理等方面，还要求教师具备持续学习和适应的能力、跨学科的知识积累、教育伦理与法律意识等多层面的素养。在数字化时代，教育者的专业能力和道德水平都将受到更为严格的考验。只有通过不断提升自身的能力，教育者才能更好地引领学生走向未来，促进教育事业的可持续发展。

三、教师专业发展与新技术的整合

随着科技的不断发展，新技术在教育领域的应用已经成为推动教学改革和提高教育质量的关键因素之一。在这一背景下，教师专业发展与新技术的整合变得尤为重要。本部分将深入探讨教师专业发展与新技术整合的关系，分析新技术在教育中的作用，并提出促进教师专业成长的策略。

（一）新技术对教育的影响

1. 个性化教学

新技术为个性化教学提供了更多的可能性。通过智能化的教育平台和学习系统，教师可以更好地根据学生的兴趣、水平和学习风格量身定制教学内容，实现因材施教，提高学生的学习效果。

2. 虚拟现实和增强现实

虚拟现实（VR）和增强现实（AR）技术丰富了教学手段。教师可以利用这些技术创造出生动、直观、沉浸式的学习体验，使学生更深入地理解抽象的概念，提高他们的学科素养。

3. 在线协作平台

新技术推动了在线协作平台的发展，使得教师和学生可以跨越时空进行合作。这种方式不仅拓展了学生的学习空间，还培养了团队合作、沟通协调的能力，为其未来的社会参与和职业发展打下基础。

4. 数据驱动决策

教育大数据的应用使得教师能够更全面地了解学生的学习情况。通过对学生数据的分析，教师能够更准确地掌握学生的学科优势和劣势，有针对性地进行教学设计和个性化辅导。

（二）教师专业发展的重要性

1. 不断学习的需求

教育是一个不断发展和变革的领域，新知识、新理念和新方法层出不穷。为了更好地适应学科和教育环境的变化，教师需要持续地学习和更新自己的知识体系，提高自己的专业素养。

2. 适应新教学方式

随着新技术的发展，传统的教学方式逐渐演变为更加灵活、多样化的形式。教师需要不断更新教学方法，适应新的教育理念和教学工具，提升自己的教学效果。

3. 培养创新思维

教师专业发展不仅仅是知识层面的更新，还包括培养创新思维。通过不断尝试新的教学方法、引入新技术，教师能够激发学生的创造力，培养他们解决问题的能力。

（三）新技术与教师专业发展的整合

1. 提供个性化学习机会

新技术可以为教师提供更多个性化学习机会。在线学习平台、教育应用软件等工具为教师提供了灵活的学习资源，他们可以随时随地获取新知识，提高自己的教学水平。

2. 利用在线社区和网络资源

教师可以通过参与在线社区、专业论坛等途径，与其他教育者分享经验、学习新的教学理念和方法。这种社交学习的方式有助于拓宽教师的视野，与同行互动，共同推动教育的发展。

3. 参与专业发展课程

许多在线平台提供了专门针对教师的专业发展课程。这些课程涵盖了从基础知识到前沿技术的多个方面，通过系统学习，教师能够更好地掌握新技术，为教学实践提供更多可能性。

4. 实践中不断尝试新技术

教师专业发展需要在实践中不断尝试新技术。通过将新技术应用于课堂教学，教师能够更好地了解其优势和不足，逐步完善自己的教学方法。

（四）新技术在教师专业发展中的挑战

1. 技术应用的复杂性

一些教师可能对新技术的应用感到困扰，因为其复杂性可能需要一定的时间和精力去学习。对一些年龄较大、技术素养相对较低的教师而言，学习新技术可能是一项挑战。因此，如何降低技术应用的复杂性，提供更为简便、易于上手的教育技术工具，是促进教师专业发展的一个重要方面。

2. 数字鸿沟问题

在一些地区，特别是发展中国家，由于经济条件和基础设施的限制，存在数字鸿沟问题。一些教师和学生可能无法充分利用新技术，导致教育资源的不均衡分配。解决数字鸿沟问题需要政府、教育机构和社会共同努力，提供更多的数字化教育资源，提高网络和设备的普及程度。

3. 隐私和安全问题

随着教育数据的数字化，隐私和安全问题变得尤为重要。教师在使用新技术时需要谨慎处理学生的个人信息，防范数据泄露和滥用。加强对教育平台和应用的监管，建立严格的数据保护机制，是保障教育信息安全的关键。

4. 技术更新带来的学习压力

新技术的迭代速度较快，教师需要不断学习和更新知识，以跟上技术的发展。对一些教育者而言，这可能增加了学习负担，导致一些教师望而却步，不愿意积极尝试学习新技术。因此，建立更为灵活的学习机制，提供定期的培训和支持，帮助教师更好地适应新技术，是解决这一问题的关键。

（五）促进教师专业发展与新技术整合的策略

1. 提供系统性的专业发展计划

学校和教育机构应制订系统性的专业发展计划，包括培训课程、研讨会、导师制度等，帮助教师逐步掌握新技术的应用。这种计划应该贴近实际教学需求，引导教师有目的地学习，促使其更好地整合新技术。

2. 建立在线学习平台

为了解决数字鸿沟问题，学校和政府可以建立在线学习平台，提供优质的数字化教育资源。这样的平台可以让更多的教师获得学习新技术的机会，缩小教育资源的差距，促进更广泛的教师专业发展。

3. 鼓励教师互相合作

通过鼓励教师之间的互相合作，可以加速新技术的传播和应用。学校可以设立教育创新团队，鼓励教师分享使用新技术的经验和教学案例，从而促进整体教学水平的提高。

4. 引入导师制度

导师制度不仅可以帮助“新手”教师更好地适应教育现场，也能够帮助有经验的教师更好地应用新技术。通过导师的指导和分享经验，教师可以更加有针对性地进行专业发展，提高技术整合水平。

5. 建立安全、开放的技术应用环境

学校和机构需要创造一个安全、开放的技术应用环境，鼓励教师尝试新技术，分享失败和成功的经验。建立这样的环境可以减轻教师尝试新技术时的压力，促使他们更愿意探索创新的教学方法。

6. 加强数字素养培训

为了提高教师的技术整合水平，学校和培训机构应该加强对教师的数字素养培训。这种培训应该涵盖基本的数字技能，如办公软件的使用，以及更高级的技术应用，如在线协作工具、教学管理系统等。通过系统培训，可以提高教师对新技术的熟练程度，减轻其学习负担。

7. 提供及时有效的技术支持

学校和机构需要建立健全的技术支持体系，确保教师在使用新技术时能够得到及时、有效的帮助。这包括解决技术故障、提供在线咨询服务、组织技术培训等。有效的技术支持可以增强教师对技术的信心，鼓励他们更积极地融入新技术到教学中。

8. 政策支持与激励机制

政府和学校管理层应该出台政策支持和激励机制，鼓励教师积极参与专业发展和新技术整合。这可以包括提供专业发展奖励、设立创新基金、给予职称和薪酬的提升等。这样的政策和机制能够有效激发教师的学习兴趣，促进他们更好地融入新技术的教学实践。

教师专业发展与新技术的整合是教育领域中不可忽视的重要议题。随着科技的快速发展，教育方式和教学手段发生了深刻的变革，对教师提出了更高的要求。在新技术的引领下，教师专业发展需要更加注重学科知识的更新、教育理念的创新以及数字技术的整合。同时，应当重视解决新技术在教育中应用过程中面临的挑战，如技术的复杂性、数字鸿沟问题、隐私与安全问题等。

通过建立系统性的专业发展计划、提供在线学习平台、加强数字素养培训、提供及时有效的技术支持等手段，可以促进教师更好地适应数字化时代的教育需求。同时，政府、学校和社会应共同努力，建立激励机制，为教师提供更好的发展环境和支持，共同推动教育领域的发展。只有通过不断地专业发展与新技术整合，教师才能更好地引领学生走向未来，实现教育的可持续发展。

第三节　教育技术与师资发展的关联

一、教育技术对师资队伍的重要性

教育技术的飞速发展不仅改变了我们的生活方式，也对教育产生了深刻的影响。在这个数字化时代，教育技术已经成为教学过程中不可或缺的一部分。本部分将探讨教育技术对师资队伍的重要性，从提升教学效果、拓展教学手段、促进个性化学习以及应对未来挑战等方面进行深入分析。

（一）提升教学效果

1. 创新教学模式

教育技术为教育提供了更多元化、创新的教学模式。通过利用多媒体教学、虚拟实验、在线互动等技术手段，教师能够更生动地呈现教学内容，激发学生的学习兴趣，提升教学效果。

2. 个性化教学

教育技术支持个性化教学，帮助教师更好地满足学生多样化的学习需求。通过学习分析和数据挖掘，教师能够了解每个学生的学习风格、兴趣和水平，有针对性地调整教学内容和方法，提供更符合学生个体差异的学习体验。

3. 实时反馈

新技术的应用使得教师在教育过程中的反馈更加及时和精准。教师可以通过在线测验、学生参与度的监测、作业提交等方式，迅速了解学生的学习状况。这有助于及时调整教学策略，帮助学生更好地理解和消化知识。

（二）拓展教学手段

1. 多媒体教学

多媒体技术为教育带来了更多元的教学手段。教师可以利用图像、音频、视频等多媒体元素，生动地呈现抽象的概念，提高学生的学习兴趣。这种形式丰富了课堂教学，使得知识更具体、更直观。

2. 虚拟实验室

在实验性课程中，虚拟实验室技术为学生提供了更安全、便捷的实验环境。通过计算机模拟，学生能够进行各种实验操作，观察实验现象，培养实验设计和数据分析的能力。

3. 在线教育平台

在线教育平台为学生提供了更加灵活的学习方式。教育者可以通过网络教学平台传递知识，学生可以在任何时间、任何地点学习。这种方式拓展了传统课堂教学的边界，使得知识传递更加自由化。

（三）促进个性化学习

1. 个性化学习路径

教育技术支持学生根据个体差异选择不同的学习路径。通过智能化学习系统，系统能够根据学生的学科水平、兴趣和学习风格，为其制订个性化的学习计划，提供适合自己的学科内容和学习资源。

2. 适应不同学习速度

传统课堂教学难以适应学生不同的学习速度，有些学生可能进步较快，而有些学生可能需要更多时间。教育技术通过提供自主学习的机会，让学生按照自己的学习进度学习，更好地满足了不同学生的学习需求。

3. 强化学科素养

个性化学习有助于强化学生的学科素养。通过关注学生个体差异，个性化学习可以更有针对性地培养学生在特定学科领域的能力，促使其在学科学习上更为出色。

（四）应对未来挑战

1. 信息时代技能培养

教育技术的应用有助于培养学生在信息时代所需的技能。学生通过使用各类数字工具，不仅能够获取知识，还能够培养信息搜索、分析、整合的能力，更好地适应信息时代的发展。

2. 提高教师数字素养

随着教育技术的不断更新，提高教师的数字素养是一个亟待解决的问题。学校和教育机构需要为教师提供相关培训和资源，帮助他们更好地掌握新技术，更有效地应用于教学实践。提高教师的数字素养不仅包括对技术的熟练运用，还涉及对数字时代教育理念、方法的深刻理解，以及对信息伦理和隐私保护的认知。

3. 解决数字鸿沟问题

教育技术的应用面临着数字鸿沟问题，即在一些地区和学校，由于经济条件和技术设施的差异，一些学生可能无法充分受益于先进的教育技术。因此，需要采取措施来解决数字鸿沟问题，确保所有学生都能平等地享受到先进的教育技术带来的好处。

4. 教育创新研究

教育技术的发展需要不断的研究和创新。教育机构和研究机构应当加强对教育技术的研究，探索更有效的技术应用于教育的方式，促进教育创新。这包括但不限于开发更先进的教育软件、评估教育技术对学生学业成绩的影响、研究个性化学习的最佳实践等方面。

（五）教育技术对师资队伍的影响

1. 教师角色的转变

教育技术的广泛应用使得教师的角色发生了转变。传统上，教师主要是知识的传授者，而现在，教师更像是学生学习的引导者和辅导者。他们需要更注重培养学生的自主学习能力，引导学生通过技术手段获取和管理知识。

2. 提高教师教学水平

教育技术不仅为教师提供了更多教学手段，也促使了教师的不断学习。教师需要了解并熟练运用新的教育工具，不断更新自己的教育理念和教学方法。这种学习的过程有助于提高教师的教学水平，使他们更好地适应时代的发展。

3. 促进教育研究

教育技术的发展推动了教育研究的深入。教育者可以通过研究不同的教育技术应用于教学的效果，探索更有效的教育方法和策略。这有助于提高整个教育领域的质量和水平。

4. 提高教育的可及性

教育技术有助于提高教育的可及性。通过在线教育平台、远程教学技术，教育可以超越地域的限制，使得学习资源更为广泛地分布。这对一些偏远地区或资源匮乏的学校来说，是一种重要的机会，也可以为更多的学生提供接受高质量教育的可能性。

（六）教育技术带来的挑战

1. 技术障碍和数字鸿沟

一些学校或地区可能面临技术设施不足、网络不畅等问题，导致师生难以充分利用教育技术。这增加了数字鸿沟的存在可能性，使得一些学生无法享受到先进的教育技术带来的好处。因此，需要采取措施来排除技术障碍，清除数字鸿沟。

2. 隐私和安全问题

随着教育数据的数字化，隐私和安全问题日益受到关注。学生和教师的个人信息可能会受到威胁，因此需要建立健全的数据保护机制，确保教育技术的应用不会侵犯个人隐私。

3. 教育内容的质量和真实性

互联网时代，信息泛滥，网络中其中并非都是高质量、真实的信息。教育者需要筛选和利用这些信息，以确保教育内容的质量和真实性。同时，学生需要培养对信息的批判性思维，辨别真伪，防止其受到虚假信息的误导。

教育技术在师资队伍中的重要性不可忽视。它不仅提高了教学效果、拓展了教学手段、促进了个性化学习，还对教师的角色、教学水平、教育研究等方面产生了深远影响。然而，教育技术的应用也面临一些挑战，如技术障碍、数字鸿沟、隐私和安全问题等。解决这些问题需要社会各界的共同努力，包括政府、学校、教育机构、教育科技企业以及教师和家长等。

二、师资发展中的教育技术培训

在当今数字化时代，教育技术的快速发展对教育产生了深远影响。为了更好地适应和应用这些新技术，教师的专业发展显得尤为重要。本部分将深入探讨师资队伍中的教育技术培训，着重探讨培训的意义、培训的内容和方式、培训的挑战及应对策略。

（一）教育技术培训的意义

1. 跟上科技发展

教育技术培训使得教师能够及时了解和掌握最新的教育技术。在科技发展日新月异的今天，教育技术的更新迅猛，通过培训，教师可以保持对前沿技术的敏感性，不断更新自己的知识体系，提高其对信息时代的适应能力。

2. 提高教学效果

通过教育技术培训，教师可以学到更多创新的教学方法和工具。这有助于提高课堂教学的活跃性，增强学生的学习兴趣，从而达到更好的教学效果。

3. 促进个性化学习

教育技术培训有助于教师更好地应用个性化学习理念。教师通过培训了解到个性化学习的最新趋势和方法，可以更好地满足学生多样化的学习需求，使得教育更具针对性。

4. 拓展教学手段

教育技术培训使得教师能够掌握更多多样化的教学工具。从多媒体教学到虚拟实验室，从在线教育平台到教育应用软件，教育技术的广泛应用拓展了教学手段，使得教学更加灵活多样。

（二）教育技术培训的内容

1. 基础技术应用

教育技术培训的基础内容包括教师使用计算机、操作办公软件、熟练运用网络等基础技术应用。这既是教师适应数字化教学环境的基础，也是保证教学顺利进行的先决条件。

2. 多媒体教学设计

多媒体教学是教育技术应用的一个重要方向。培训内容可以包括多媒体教学设计理论、工具的使用方法、设计案例的分析等，使教师能够更好地利用图像、音频、视频等元素进行生动有趣的教学。

3. 在线教学平台操作

随着在线教育的兴起，教育技术培训应包括在线教学平台的操作和管理。教师需要学习如何创建在线课程、管理学生、使用在线工具，以便更好地应用在线教育资源。

4. 个性化学习理念

培训内容应该涵盖个性化学习理念的介绍和实际应用。教师需要了解学生的差异性，通过培训了解个性化学习的最新研究成果，学会运用技术手段实现个性化教学。

5. 数据分析和评估

教育技术培训应该强调教师对教学数据的分析和评估能力。通过学习数据分析工具和方法，教师能够更好地了解学生的学习情况，及时调整教学策略，提升教学效果。

（三）教育技术培训的方式

1. 课堂培训

课堂培训既是最传统、也是最直接的培训方式。通过邀请专业的培训师傅，组织教师集体参与，能够高效传递知识，实时解答问题，提高教师对教育技术的应用水平。

2. 在线培训

随着互联网的发展，在线培训逐渐成为一种主流的培训方式。教育机构可以通过在线平台提供各类培训课程，教师可以根据自己的时间和需求选择参与，实现自主学习。

3. 研讨会和工作坊

研讨会和工作坊提供了一种更为互动和参与的培训方式。通过小组合作、案例讨论、问题解答等形式，教师能够更深入地理解培训内容，融会贯通，提高实际操作能力。

4. 自主学习

自主学习是一种更为灵活的培训方式。教育机构可以提供各种在线学习资源，包括视频教程、电子书籍、在线课程等，供教师根据个人兴趣和学习需求进行自主学习。这种方式强调个体的主动性和自我管理能力。

5. 实践操作

教育技术的应用是需要实践的，因此培训中应包含实践操作环节。通过实际操作，教师能够更深入地理解技术的使用方法，提高操作熟练度，从而更好地将学到的知识运用到实际教学中。

6. 反思和分享

培训过程中应鼓励教师进行反思和分享。反思有助于教师深化对培训内容的理解，发现自己在应用过程中可能存在的问题，并进行及时调整。同时，通过分享，不同的教师可以从彼此的经验中学到更多，促进共同进步。

（四）教育技术培训的挑战

1. 技术水平不一

教育技术培训面临的一个挑战是教师的技术水平存在差异。一些教师可能对技术应用比较熟练，而另一些可能相对陌生。因此，在培训中需要差异化的教学策略，以确保每位教师都能够获得合适水平的培训机会。

2. 技术更新速度快

教育技术的发展速度较快，新技术层出不穷。这导致教育技术培训需要不断跟进最新技术，使得培训内容保持实时性。这对培训机构和教育机构提出了更高的要求，需要不断更新培训内容，确保培训的有效性。

3. 学科知识与技术融合难度

一些教育技术培训可能难以与各个学科知识进行有效融合。教师既需要了解自己所教学科的知识体系，又需要掌握相关的技术知识。这对一些非计算机专业的教师来说可能是一项较大的挑战。

4. 缺乏长期支持

一次性的培训可能难以带来持久的影响。教育技术的应用是一个长期的过程，需要不断的实践和积累经验。因此，缺乏长期支持体系可能使得教师在教育技术应用中遇到问题时难以得到及时帮助。

（五）教育技术培训的应对策略

1. 个性化培训计划

为了解决教师技术水平不一的问题，培训机构可以制订个性化培训计划。

通过了解每位教师的技术水平和需求，提供有针对性的培训内容，确保培训的有效性。

2. 建立反馈机制

培训机构可以建立教师培训的反馈机制。通过收集教师的培训反馈，了解培训的不足，及时调整培训内容和方式，不断改进培训质量。

3. 提供在线支持

为了解决教育技术培训的长期支持问题，培训机构可以提供在线支持服务。教师在实际应用中遇到问题时，可以通过在线平台获得及时帮助，解决实际困扰。

4. 持续跟进新技术

培训机构需要建立持续跟进新技术的机制。通过与科技发展机构、教育科技企业的合作，了解最新的教育技术趋势和创新，确保培训内容的及时更新。培训机构可以设立专门的技术研发团队，负责调研新兴技术、开发培训课程，以保证培训内容的前瞻性和实用性。

5. 整合学科知识和技术培训

为了解决学科知识与技术融合难度的问题，培训机构可以设计整合学科知识和技术培训的课程。通过在培训中融入学科知识案例，帮助教师更好地将技术应用到实际教学中，提升教学效果。

6. 建立专业发展档案

为了提供长期支持，培训机构可以建立教师的专业发展档案。通过记录教师的培训历程、应用情况、问题解决经验等信息，为教师提供一个可以随时查阅和更新的档案，帮助教师制订长期的专业发展计划。

7. 跨界合作

培训机构可以与学科专业机构、企业、研究机构等建立跨界合作。通过跨界合作，可以更好地整合各领域的资源，为教师提供更全面、深入的培训内容，帮助教师更好地应用技术于实际教学。

教育技术培训对师资队伍的发展至关重要。通过培训，教师不仅能够掌握最新的教育技术，提高自己的技术水平，还能够更好地将技术与学科知识融合，提升教学效果。然而，教育技术培训面临着教师技术水平不一、技术更新速度快、学科知识与技术融合难度等一系列挑战。要应对这些挑战，培训机构可以采取个性化培训计划、建立反馈机制、提供在线支持、持续跟进新技术、整合学科知识和技术培训、建立专业发展档案以及与各领域进行跨界合作等策略。通过共同努力，教育技术培训可以更好地满足教师的需求，推动教育技术在教育领域的更广泛应用，促进教育事业的不断创新和发展。

三、教育技术创新在师资队伍中的应用

随着科技的不断发展，教育技术创新日益成为教育领域的重要推动力量。教育技术的创新不仅对学生的学习方式和学习效果产生深刻影响，同时也对师资队伍的能力和角色提出了新的要求。本部分将深入探讨教育技术创新在师资队伍中的应用，包括创新的内涵、影响、具体应用场景以及未来发展趋势。

（一）教育技术创新的内涵

1. 定义

教育技术创新是指在教育领域应用新兴技术、工具和方法，以推动教育模式、教学手段和管理方式的变革。这种创新旨在提高教学效果、培养学生的综合素质，推动整个教育系统的发展。

2. 特征

整合性：教育技术创新通常涉及多个学科领域的知识和技术，需要整合跨学科的资源和方法。

个性化：创新的目标之一是满足学生个性化学习需求，因此教育技术创新常注重个性化教学设计。

互动性：利用现代技术手段，教育技术创新能够提高教学的互动性，促进学生与学科内容的更深度交互。

实践性：教育技术创新注重将理论知识与实际应用相结合，通过实践活动促进学生深度理解。

（二）教育技术创新对师资队伍的影响

1. 角色变化

教育技术创新使得教师的角色发生了根本性的变化。传统上，教师主要是知识的传授者，而在创新的教学模式下，教师更像是学生学习的引导者和促进者。教师需要更多地关注学生的个体差异，引导他们通过技术手段获取和管理知识。

2. 教学方式更新

教育技术创新推动了教学方式的更新。传统的课堂教学逐渐向多媒体教学、在线教学、远程教育等多元化的方向发展。这要求教师不仅要掌握新的教学工具，还要灵活运用它们，提供更具有创意和互动性的学习体验。

3. 提高教师的数字素养

教育技术创新要求教师具备一定的数字素养，包括对教育技术的熟练运用、对数字时代教育理念和方法的深刻理解，以及对信息伦理和隐私保护的认知。教师需要不断提升自己的数字化能力，以更好地适应现代教育环境。

4. 促进个性化学习

教育技术创新为实现个性化学习提供了可能性。通过智能教育系统和个性化学习平台，教师可以更好地了解学生的学习风格、兴趣和水平，有针对性地进行教学设计，满足学生个性化的学习需求。

（三）教育技术创新的具体应用场景

1. 智能教育系统

智能教育系统通过人工智能技术，对学生的学习行为进行分析和评估，为教师提供个性化的教学建议。这种系统可以根据学生的学习状况调整教学内容和难度，实现更加精准的个性化教学。

2. 虚拟现实（VR）和增强现实（AR）

虚拟现实和增强现实技术为教学带来了全新的体验。教师可以利用 VR 和 AR 技术创建虚拟实验室、模拟场景，让学生在虚拟环境中进行实践，提高实际操作的机会，增加学习的趣味性。

3. 在线教育平台

在线教育平台既为学生提供了更多自主学习的机会，也为教师提供了更灵活的教学方式。教师可以通过在线教育平台上传教学资源、布置作业、与学生互动，实现线上线下结合的教学模式。

4. 智能辅助教学工具

智能辅助教学工具，如智能白板、教学软件等，为教师提供了更丰富的教学资源和工具。这些工具能够帮助教师制作多媒体教学资料、设计交互式教学课程，并提出实时的反馈和评估，帮助教师更好地调整教学策略。

5. 个性化学习平台

个性化学习平台通过算法分析学生的学科水平、学习兴趣、学习风格等信息，为每个学生制订个性化的学习计划。教师可以通过平台监测学生的学习进度，提供有针对性的辅导和支持。

6. 在线社交学习

教育技术创新推动了在线社交学习的发展。教师可以借助在线社交平台促进学生之间的交流和合作，创建虚拟学习社群，通过协作学习提高学生的团队合作和沟通能力。

（四）面临的挑战与应对策略

1. 技术设备不足

在一些地区和学校，由于经济条件和基础设施等原因，可能存在技术设备不足的问题，无法充分支持教育技术创新的应用。对策包括争取政府和社会投入，扩建学校的硬件设施，推动数字化设备的更广泛普及。

2. 教师培训不足

许多教师可能没有接受过相关的教育技术培训，对新技术的应用和教学创新的理念不够了解。培训机构和学校应当加强对教师的培训，提供及时、全面的教育技术培训，以提高教师的数字素养和创新能力。

3. 数据隐私与安全问题

教育技术创新涉及大量的学生数据和教学信息，数据隐私和安全问题引起了广泛关注。解决这一问题需要建立完善的信息安全体系，制定相关政策和法规，保障学生和教师的数据隐私权。

4. 个别学生因素

不同学生在面对教育技术创新时可能存在个别差异，有些学生可能更难适应或更喜欢传统的教学方式。因此，教育技术创新应当尊重学生的个体差异，为其提供个性化的学习支持，确保每个学生都能够受益。

（五）未来发展趋势

1. 深度融合人工智能

未来，教育技术创新将更加深度融合人工智能。通过机器学习算法，智能教育系统将更加准确地理解学生的学习需求，提供更个性化的学习路径和建议，实现精准教育。

2. 拓展虚拟现实和增强现实应用领域

随着虚拟现实和增强现实技术的不断发展，它们将在更多领域应用于教育。例如，虚拟实验室、虚拟实地考察等将成为常规的学习手段，提供更丰富的学习体验。

3. 加强在线社交学习和协作

未来的教育技术创新将更加注重在线社交学习和协作。通过强化在线社交平台的功能，教师可以更好地引导学生进行合作学习、项目合作，培养学生团队协作和沟通的能力。

4. 智能辅助教学工具的进一步发展

智能辅助教学工具将会更加普及和完善。未来，这些工具将更加智能化，能够更好地根据学生的学习情况和反馈，提供更为个性化的辅导和教学建议。

教育技术创新在师资队伍中的应用不仅对教学方式和师生关系提出了新的挑战，同时也为提高教育水平、培养学生创新能力和解决教育不平等问题提供了新的机遇。在应对各种挑战的同时，教育机构、政府和教育从业者需要共同努力，推动教育技术创新更好地服务于教育事业的发展，让创新成为教育的推动力。

第四节　教师教育的国际视野与经验

一、国际计算机教育师资队伍发展状况

计算机技术在当今社会中扮演着至关重要的角色，对培养具备计算思维和信息素养的新一代人才尤为重要。计算机教育师资队伍作为推动计算机科学和技术发展的重要力量，直接关系到国际范围内计算机教育的质量和水平。本部分将深入研究国际计算机教育师资队伍的发展状况，探讨其现状、问题和未来趋势。

（一）国际计算机教育师资队伍的现状

1. 教育水平和专业背景

在许多国家，计算机教育师资队伍的教育水平和专业背景呈现多样化。

一些国家的计算机教育师资队伍拥有较高的学历和广泛的计算机专业背景，能够提供高质量的计算机课程。然而，也有一些地区面临着计算机教育师资水平不足、专业背景不够强大的问题。

2. 教育经验和培训情况

计算机教育师资队伍的教育经验和培训情况存在差异。一些地区的计算机教育师资队伍经验丰富，接受过系统的培训，能够灵活应对不断变化的计算机科技。然而，一些地区面临着缺乏培训机会、无法及时了解最新技术的问题。

3. 性别和多样性

在性别和多样性方面，计算机教育师资队伍仍然存在一定的不平衡。相对男性，女性在计算机教育领域的代表性较低。此外，对一些少数族裔和群体的代表性也有待提高，以更好地反映社会的多样性。

（二）国际计算机教育师资队伍面临的挑战

1. 技术发展速度快

计算机技术的快速发展使得计算机教育师资队伍面临着持续学习和更新知识的挑战。他们需要不断跟进最新的技术趋势，更新教学内容和方法，以保持对学科的深刻理解。

2. 学科交叉知识要求

随着计算机科学与其他学科的深度融合，计算机教育师资队伍需要具备跨学科的知识。这意味着他们不仅需要深厚的计算机科学知识，还需要了解与计算机相关的其他学科领域，如人工智能、数据科学等。

3. 教学手段创新压力

计算机教育师资队伍需要不断创新教学手段，以适应学生的多样化学习需求。传统的教学方法可能无法满足现代学生对互动性、实践性和个性化的要求，这为教育师资队伍提出了更高的创新要求。

4. 缺乏合适的培训机会

一些地区的计算机教育师资队伍面临着缺乏合适的培训机会的问题。由于计算机领域知识的复杂性和快速变化，教育机构和政府需要提供更多的培训资源，以提高师资队伍的整体水平。

（三）国际计算机教育师资队伍发展的积极因素

1. 全球化合作

计算机教育师资队伍能够通过全球化合作获取更多资源。国际性的计算机教育研讨会、研究项目以及合作交流，可以帮助师资队伍更好地了解国际最新的教育理念和技术应用。

2. 在线教育资源的共享

随着互联网技术的普及，国际上的计算机教育师资队伍可以通过在线教育资源进行学习和分享。大量开放式在线课程（MOOCs）、教育平台、数字化图书馆等资源为教育师资队伍提供了丰富的学习内容，使其能够更加灵活地获取知识，跨足国际领域。

3. 行业与学术结合

国际上越来越多的大学和行业合作，为计算机教育师资队伍提供更多实践机会和最新的行业知识。这种结合不仅有助于教育师资队伍了解实际应用场景，还促进了学术与实际的有机结合，为教育师资队伍的全面发展提供了有力支持。

4. 政策支持

一些国家对计算机教育提供了积极的政策支持，包括提供奖学金、补贴培训费用、设立专项基金等。这些政策措施鼓励教育师参与专业培训，提高教育师资队伍的水平，并推动计算机教育的全面提升。

（四）国际计算机教育师资队伍的发展策略

1. 加强全球化合作

教育机构和政府可以通过加强全球化合作，促进计算机教育师资队伍之间的信息交流和资源共享。建立国际性的师资培训平台、举办国际性的研讨会，共同研究解决计算机教育领域的共性问题。

2. 提供多样化的培训机会

为了解决缺乏合适的培训机会的问题，教育机构可以设计多样化的培训项目，包括线上课程、工作坊、实践项目等，满足不同教育师的需求。这有助于提升计算机教育师资队伍的整体水平。

3. 鼓励行业与学术合作

促使行业与学术更加紧密结合，可以通过行业合作、实习项目、双导师制度等方式，使计算机教育师资队伍更深入地了解行业需求，提高其实际操作和实践经验。

4. 推动数字化转型

加强对数字化教育工具和技术的培训，推动计算机教育师资队伍的数字化转型。这包括熟练掌握在线教育平台、智能教学工具、虚拟实验室等数字化教育资源，提高教育师的数字素养。

5. 强化教育师的多元化培养

通过推动性别平等、多元文化教育，鼓励更多女性和少数民族融入计算机教育师资队伍，提高队伍的多元化。这有助于更好地满足不同学生群体的需求，反映社会的多样性。

（五）未来趋势与展望

1. 强调计算思维和创新能力

未来计算机教育师资队伍将更加强调培养学生的计算思维和创新能力。这意味着教育师资队伍需要具备更广泛的学科知识，能够引导学生不仅掌握计算机技术，还能够在实际问题中运用计算思维进行创新解决。

2. 促进在线教育的普及

随着在线教育的不断普及，未来计算机教育师资队伍将更加倾向于利用在线平台进行培训和学习。这将带来更大的灵活性，能够让教育师资队伍更方便地获取最新的教育资源和培训内容。

3. 推动教育技术与计算机教育融合

未来，教育技术和计算机教育将更为紧密地融合，包括人工智能、虚拟现实、增强现实等技术将成为计算机教育的有力工具。这将需要计算机教育师资队伍具备更强的技术应用能力。

4. 强化全球计算机教育的合作与共建

未来，全球计算机教育的合作与共建将更为强化。各国计算机教育师资队伍可以共同面对挑战，分享经验，共同推动计算机教育的发展，促使计算机教育更好地服务全球范围内的学生。

国际计算机教育师资队伍的发展受到多方面因素的影响，包括技术的发展、全球化合作、政策支持等。在面对发展中的挑战时，国际计算机教育师资队伍需要采取多种策略，包括全球化合作、提供多样化的培训机会、鼓励行业与学术合作等。同时，强调培养计算思维和创新能力，推动在线教育的普及，促进教育技术与计算机教育的融合，都是未来发展的方向。

在全球化的时代，各国计算机教育师资队伍之间的互通和合作愈发重要。通过共享资源、经验，共同应对全球性的计算机教育问题，促进全球计算机教育的共同繁荣。在这个过程中，政府、教育机构、行业和学术界的紧密合作至关重要，需要建立更加灵活、开放的合作机制，推动计算机教育全球合作的深入发展。

总体而言，国际计算机教育师资队伍的发展状况受到多种因素的交织影响，既有积极因素，也存在一些挑战。通过采取有效的策略和举措，教师可以更好地应对挑战，推动计算机教育师资队伍的全球化发展，以更好地服务学生，满足日益增长的计算机领域的需求。在这一进程中，不仅需要教育者的不断努力，还需要全社会的共同参与，以推动计算机教育的可持续发展。

二、国际合作与经验交流的机制

在全球化的时代，国际合作与经验交流成为促进教育创新与发展的重要手段。各国在教育领域通过建立合作机制、推动经验交流，共同面对教育挑战，共享成功经验。本部分将深入探讨国际合作与经验交流在教育领域的机制，分析其重要性、各国典型案例以及未来发展趋势。

（一）国际合作与经验交流的重要性

1. 全球性挑战

面对全球性的教育挑战，如科技发展、人口老龄化、气候变化等，各国单打独斗难以有效解决问题。通过国际合作，可以集思广益，汇聚各方力量，更好地应对这些全球性挑战。

2. 共享资源与经验

国际合作提供了一个平台，使各国能够共享资源与经验。不同国家在教育领域积累了丰富的经验，通过合作与交流，可以借鉴借鉴对方的成功经验，避免重复努力，提高教育水平。

3. 促进文化多样性

国际合作有助于促进文化多样性。通过与其他国家的交流，教育者能够更好地理解不同文化下的教育理念、教学方法，有助于培养学生的国际视野和跨文化沟通能力。

（二）国际合作与经验交流的机制

1. 国际教育组织

（1）联合国教科文组织

联合国教科文组织是一个重要的国际教育组织，致力于通过教育、科学和文化的国际合作，促进和维护全球和平与安全。联合国教科文组织通过组织国际研讨会、发布研究报告等形式，为各国提供了分享经验和合作的平台。

（2）国际教育协会

国际教育协会是一个由多个国家的教育机构和专业人士组成的国际性组织，致力于促进国际教育合作与交流。这种组织通过定期的国际大会、学术研讨会等活动，为教育者提供了交流经验和分享最佳实践的机会。

2. 双边和多边协议

（1）双边合作

国际双边合作协议是一种常见的机制，通过双方签署协议，在教育领域开展合作项目。例如，两国可以共同开展研究项目、学生交换计划，共同推动教育创新。

（2）多边协议

多边协议是指多个国家间达成的合作协议。例如，联合国的可持续发展目标（SDGs）中包括了教育的相关目标，各国在此框架下展开合作，通过共同努力实现全球范围内的教育目标。

3. 学术交流与合作项目

（1）学术交流项目

学术交流项目是通过学术机构、大学等建立的合作项目。这种项目通常包括教师和学生的交流，共同研究项目，推动国际学术交流的开展。

（2）在线合作平台

随着网络技术的发展，在线合作平台成为促进国际合作与经验交流的新途径。通过在线教育平台，教育者可以跨越时空障碍，进行实时的线上培训、研讨会，实现全球范围内的教育资源共享。

4. 跨国研究项目

跨国研究项目是通过多国参与的研究合作，致力于解决共同面临的教育问题。这种项目通常由国际研究机构或大学发起，旨在通过多国的研究合作，共同提升教育水平。

（三）国际合作与经验交流的未来趋势

1. 数字化合作的崛起

随着信息技术的发展，数字化合作将成为国际合作与经验交流的重要形式。在线教育平台、虚拟现实技术等将促使跨国的教育合作更加灵活，实现实时的国际学术交流。

2. 多领域、多层次的合作

未来国际合作将更加强调多领域、多层次的合作，不仅包括学术研究与教学，还包括教育政策、体制改革等方面。各国将在更广泛的领域展开合作，共同应对全球性的教育挑战。

3. 社会各界的广泛参与

未来国际合作将更加强调社会各界的广泛参与。不仅是政府、教育机构，还包括企业、非政府组织等多方参与，形成多元化的合作体系，共同推动全球教育事业的发展。

4. 注重可持续发展目标

国际合作与经验交流将更加注重实现可持续发展目标，特别是关注较为贫困和不发达地区的教育问题。各国将加强合作，通过共同努力促进全球范围内的教育公平与可及性。

国际合作与经验交流是推动全球教育创新与发展的重要手段。通过各种机制，不同国家间在教育领域开展合作，促进了教育资源的共享、经验的交流。未来，随着数字化合作的崛起、多领域的合作、社会各界的广泛参与以及对可持续发展目标的关注，国际合作与经验交流将进一步发挥重要作用，共同推动全球教育事业的繁荣与发展。

参考文献

[1]李莹，吕亚娟，杨春哲. 大学计算机教育教学课程信息化研究[M]. 长春：东北师范大学出版社, 2019.

[2]张丽华，楼晓燕，俞婷. 大学计算机[M]. 北京：北京邮电大学出版社, 2019.

[3]魏琴. 信息化背景下大学英语教学研究[M]. 长春：吉林人民出版社, 2020.

[4]袁园. 信息化背景下的大学英语教学改革研究[M]. 哈尔滨：哈尔滨出版社, 2023.

[5]寇拥军. 小学信息技术暨信息化工作实践与探究[M]. 西安：西北大学出版社, 2020.

[6]孙士聪. 融合创新范式转型 首都师范大学本科教育教学信息化论文集[M]. 北京首都师范大学出版社, 2021.

[7]林海，朱元捷，刘畅. 认证理念下的研究型课程改革 北京理工大学课程案例[M]. 北京：北京理工大学出版社, 2020.

[8]尹新，杨平展. 融合与创新 高校教育信息化探索与实践[M]. 长沙：湖南科学技术出版社, 2018.

[9]郭江虹. 大学英语的多维教学理论研究[M]. 长春：吉林大学出版社, 2019.

[10]汤海丽. 高校英语信息化教学改革与微课教学模式探究[M]. 北京：冶金工业出版社, 2018.

[11]刘宏，张丽. 大学信息技术应用[M]. 西安：西北大学出版社, 2019.

[12]张际平. 计算机与教育[M]. 北京：新华出版社, 2014.

[13]杜艳霞，贡灵敏. 信息技术语境下大学英语教学环境生态探究[M]. 北京：九州出版社, 2017.

[14]隋晓冰. 网络环境下大学英语课程教学优化研究 基于佳木斯大学的实证研究[M]. 上海：复旦大学出版社, 2016.

[15]陈才扣，卢雪松. 研究性教学改革探索与实践 扬州大学信息工程学院教改经验汇编[M]. 南京：东南大学出版社, 2018.
[16]周定文，谢明元. 教育教学一体化改革的研究与实践[M]. 成都：电子科技大学出版社, 2012.
[17]雷敬炎. 武汉大学本科实验教学典型案例研究[M]. 武汉：武汉大学出版社, 2018.